浜田 宏

その問題、数理モデルが解決します

社会を解き明かす数理モデル入門

その問題、数理モデルが解決します
contents

序　モデルとはなにか……9

[第1章] 隠された事実を知る方法

 1.1　ダメな質問票……………………………………………………… 20

 1.2　回答のランダム化………………………………………………… 21

 1.3　集合で考える……………………………………………………… 23

 1.4　喫煙率の推定……………………………………………………… 25

 1.5　確率変数…………………………………………………………… 29

 1.6　期待値と分散……………………………………………………… 31

 1.7　わからないときは………………………………………………… 37

[第2章] 卒業までに彼氏ができる確率

 2.1　恋愛結婚の普及率………………………………………………… 42

 2.2　ベルヌーイ分布…………………………………………………… 44

 2.3　確率 p の解釈 …………………………………………………… 46

 2.4　組み合わせは何通り？…………………………………………… 48

 2.5　独立な確率変数の足し算………………………………………… 50

 2.6　樹形図で考える…………………………………………………… 58

 2.7　n 人の場合とコンビネーション………………………………… 61

 2.8　2項分布の確率関数……………………………………………… 65

[第3章] 内定をもらう方法

- 3.1 就職活動 …………………………………………………… 70
- 3.2 2項分布の期待値 …………………………………………… 72
- 3.3 確率変数の和の期待値 ……………………………………… 74
- 3.4 インプリケーション ………………………………………… 77
- 3.5 モデルの拡張 ………………………………………………… 79
- 3.6 ベータ分布とは？ …………………………………………… 80
- 3.7 ベータ2項分布 ……………………………………………… 83

[第4章] 先延ばしをしない方法

- 4.1 次なる課題 …………………………………………………… 90
- 4.2 先延ばしの仕組み …………………………………………… 92
- 4.3 卒論の価値 …………………………………………………… 93
- 4.4 サボった後の苦しみ ………………………………………… 95
- 4.5 時間割引 ……………………………………………………… 98
- 4.6 準双曲型割引 ………………………………………………… 103
- 4.7 先延ばしの防止 ……………………………………………… 107
- 4.8 課題の分解とコミットメント ……………………………… 108

[第5章] 理想の部屋を探す方法

- 5.1 新居探しの難しさ …………………………………………… 114
- 5.2 グーゴル・ゲーム …………………………………………… 115
- 5.3 問題の構造 …………………………………………………… 117

5.4　観察から得た情報を生かすには……………………………… 119

　5.5　成功する確率は？ ……………………………………………… 121

　5.6　コンピュータによる予想 …………………………………… 123

　5.7　全体の 36.8% を見送る理由 ………………………………… 125

　5.8　究極の選択…………………………………………………… 131

[第6章]　アルバイトの配属方法

　6.1　どうやって配属すればよいのか…………………………… 136

　6.2　選好とはなにか……………………………………………… 138

　6.3　DA アルゴリズム …………………………………………… 140

　6.4　マッチングの安定性………………………………………… 142

　6.5　DA アルゴリズムの安定性 ………………………………… 145

　6.6　どちらにとって最適か？…………………………………… 148

　6.7　パレート効率性……………………………………………… 150

　6.8　才能…………………………………………………………… 155

[第7章]　売り上げをのばす方法

　7.1　会議…………………………………………………………… 160

　7.2　ランダム化比較試験………………………………………… 161

　7.3　ランダム化が必要な理由…………………………………… 163

　7.4　条件付き期待値……………………………………………… 165

　7.5　潜在的結果…………………………………………………… 169

　7.6　不偏推定量…………………………………………………… 171

7.7 その差は統計的に有意か？ ……………………………… 176

7.8 統計的検定とフィッシャーの紅茶 ……………………… 178

[第8章] その差は偶然でないと言えるのか？

8.1 検定のロジック ……………………………………………… 186

8.2 棄却域は対立仮説で変わる ……………………………… 189

8.3 売り上げデータの分析 …………………………………… 192

8.4 正規分布の性質 …………………………………………… 193

8.5 サンプルサイズの設計 …………………………………… 197

8.6 理論の必要性 ……………………………………………… 203

[第9章] ネットレビューは信頼できるのか？

9.1 ユーザーレビュー ………………………………………… 206

9.2 陪審定理 …………………………………………………… 207

9.3 チェビシェフの不等式 …………………………………… 213

9.4 大数の弱法則 ……………………………………………… 216

9.5 陪審定理の証明 …………………………………………… 220

9.6 個人の確率が異なる場合 ………………………………… 222

[第10章] なぜ0円が好きなのか？

10.1 どちらが得？ …………………………………………… 228

10.2 ゼロ価格の不思議 ……………………………………… 229

10.3 チョコレート実験 ……………………………………… 231

10.4 効用関数と導関数 …………………………………… 234
10.5 価値関数 …………………………………………… 239
10.6 お得感の違い ……………………………………… 242
10.7 不等式の成立条件 ………………………………… 245
10.8 ゼロ価格効果の一般化 …………………………… 250

[第11章] 取引相手の真意を知る方法

11.1 価格競争 …………………………………………… 256
11.2 ゲーム理論と支配戦略 …………………………… 258
11.3 第2価格封印入札 ………………………………… 267
11.4 メカニズムデザイン ……………………………… 273
11.5 デートの行き先は？ ……………………………… 274
11.6 ナッシュ均衡 ── より一般的な定義 ………… 279

[第12章] お金持ちになる方法

12.1 初めてのボーナス ………………………………… 286
12.2 ギャンブルでお金持ちになる方法 ……………… 287
12.3 倍賭法の落とし穴 ………………………………… 289
12.4 所得分布のカタチ ………………………………… 291
12.5 確率分布による近似 ……………………………… 293
12.6 累積効果 …………………………………………… 295
12.7 対数正規分布の生成 ……………………………… 298

モデルで見る世界 …………………………………………… 304
あとがき …………………………………………………… 306

```
┌─ 登場人物 ──────────────────────┐
│   青葉   数学が苦手だと思っている女の子       │
│   あおば                                  │
│   花京院  数学が好きな男の子               │
│   かきょういん                             │
└────────────────────────────┘
```

序

序

　青葉(あおば)は、数学が苦手だ。
　むしろ嫌い、といったほうが正確かもしれない。
　某大学の文学部に入学した当初、彼女は心理学を専攻するつもりでいた。しかし抽選によって決定した彼女の専攻は「数理行動科学」という、聞き慣れないものだった。
　（心理学に人気があるのは知ってたけど、よりによって、自分と相性が一番悪そうな研究室か……）
　自分の運のなさを彼女は悲嘆した。

　花京院(かきょういん)は、数学が好きだ。
　だから数学そのものを研究するために、某大学の数学科に進学した。しかしだんだんと彼は、世界を表現する言語としての数学に興味をもつようになった。そんなころ、ふとしたきっかけで、同大学内の文学部に「数理行動科学専攻」なる研究室が存在することを彼は知った。
　（人間の行動や社会を数学で表現できたら、おもしろそうだ……）
　その後、彼が転専攻を決めた大きな理由の一つは、文学部では卒業論文のテーマを自分で自由に選ぶことができる、ということだった。

　　「数学は人生に不要だ」と考える青葉。
　　「数学は人生に役立つ」と信じる花京院。

　まったく接点がなかったはずの2人が文学部で出会うのは、それからほどなくしてのことだった。

モデルとはなにか

　研究室には青葉と花京院の 2 人しかいなかった。
　それぞれに無言で作業を続けている。
　花京院は作業机の隅に腰掛け、イヤホンをつけて本を読んでいた。広い机の上には、論文のコピーと計算用紙が散乱していた。
　青葉はリポートを書くために、パソコンのモニタに向かっている。
「ねえ花京院くん、基礎演習の課題って、もう終わった？」作業が一段落した青葉は、花京院に声をかけた。
「終わったよ」開いた頁に視線を向けたまま花京院がこたえる。
「この課題、難しくない？《身近な現象を取り上げ、モデルで説明を試みよ》って言われても、困るんだよなー。そもそも《モデル》ってなんなの？」青葉が背伸びをしながら、ふうっと息をはいた。
「モデルとは、世界の一部を抽象化して、その本質を概念によって定式化したものだよ」
「ちょっとなに言ってるかわからない」
「今日、学校に来るとき傘持ってきた？」イヤホンを外しながら花京院が聞いた。
「降りそうだから持ってきたよ。どうして？」
「《傘を持ってきた》という君の行動を《モデル》で説明しよう」
「そんなことできるの？」
「うまくいくかどうかは試してみないとわからない。はじめに、雨に濡れることがどのくらい嫌なのかを数値で表せるとしよう。たとえば、その数値が -10 だと仮定する。この -10 を基準にすると、傘を持ってくるコストはどのくらいだと思う？」
「えーっと、雨に濡れることが -10 でしょ。ってことは、傘を持ってくる手間はその $1/5$ くらいかな。わかんないけど」
「ということは、-10 の $1/5$ だから -2 だね。次に、晴れる確率と雨が降る確率をそれぞれ仮定しよう。天気は《雨》か《晴れ》のみと仮定する」花京院はスマートフォンで天気予報を調べた。
「今日の雨の確率は 0.6 だ。この情報にもとづき、晴れの確率は $1 - 0.6 = 0.4$ と定義しよう。以上の仮定をまとめるとこうなる」

花京院はホワイトボードに図を描いた。

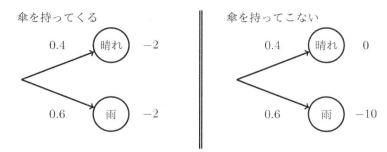

確率的に生じるできごとを、このような図で表したものを《樹形図》という。モデルの仮定をまとめると、こうだ。

1. 行動の選択肢は《傘を持ってくる》か《持ってこない》の 2 つ。天気は《雨》か《晴れ》の 2 つ
2. 雨に濡れると -10（濡れない場合は 0）。傘を持ってくるコストは -2
3. 雨の確率は 0.6、晴れの確率は 0.4

「ちょっと待って。傘を持ってきたら濡れないんでしょ？ 傘を持ってきたときに雨が降ると、結果が -2 なのは、どうして？」

「雨でも晴れでも、結果的に濡れなければ損失は 0 と仮定している。そこから傘を持つことのコストを引いたんだよ」

「あ、そういうことか」青葉は樹形図の数値を確認した。

「もちろん仮定だから、別の数値を考えてもいい。その場合は仮定に合わせて結論が変わるだけ。次に、傘を持ってきた場合の平均的な損失を考えよう。《確率》と《その確率で実現する値》の積の合計を平均的な損失と定義する。

$$0.4 \times (-2) + 0.6 \times (-2) = -0.8 - 1.2 = -2.$$

この値は一般に期待値と呼ばれている。よく出てくる用語だから覚えておくといいよ。直感的に言えば、同じことを何度も繰り返したときの平均的な値

のことだ。さて、傘を持ってこなかった場合の平均の損失は、

$$0.4 \times (0) + 0.6 \times (-10) = 0 - 6 = -6.$$

よって、それぞれの期待値を比較すると、

$$持ってきた場合の期待値 > 持ってこなかった場合の期待値$$
$$-2 > -6$$

が成立するので、傘を持ってきたほうがよい。君は平均的な損失を減らすよう合理的に選択した結果、傘を持って大学に来た」

「それがモデル？」

「そうだ。原始的(プリミティブ)だけど、一応モデルの基本的な性質を備えている。この単純な意思決定のモデルは、いくつかの明示的な仮定からなる。そして君の行動、つまり観察されたデータを、合理的選択という原理から説明している。さらに、簡単な計算からインプリケーションを導出できる」

「インプリケーション？」

「モデルから導かれる命題のことだよ。さっきの仮定から、雨の確率が何%以上なら、君が傘を持ってくるかわかる？」

「えーと、雨が降る確率が60%だったから、60%以上？」

「ちょっと違う」

花京院は式を書いて説明を続けた。

雨の確率を p, 晴れの確率を $1-p$ とおく。すると、傘を持って出た場合の平均の損失は、

$$(1-p) \times (-2) + p \times (-2) = (-2+2p) + (-2p) = -2.$$

一方、傘を持ってこなかった場合の平均の損失は、

$$(1-p) \times 0 + p \times (-10) = (0) + (-10p) = -10p.$$

よって、傘を持ってきた場合の期待値のほうが大きいと仮定すれば、

$$傘を持ってきた場合の期待値 > 持ってこない場合の期待値$$
$$-2 > -10p$$

と書ける。これを p について整理すると、

$$
\begin{aligned}
-2 &> -10p \\
2 &< 10p \qquad &\text{両辺に} -1 \text{をかける} \\
10p &> 2 \qquad &\text{右辺と左辺を入れ替える} \\
p &> \frac{2}{10} \qquad &\text{両辺を} 10 \text{でわる} \\
p &> 0.2
\end{aligned}
$$

となる。

「1段目から2段目で、-1 をかけることで不等式の向きが逆になるから注意してね．$p > 0.2$ のとき、言い換えれば、雨の確率が 20% よりも大きい場合に、君は傘を持ってくると予想できる」

「そっかー。意外と低い確率なんだな」

「その《意外》がポイントだよ。簡単な計算とはいえ、計算してみないとわからない発見があったといえる。これがインプリケーションだ」

「うーん、でもそれって、テキトーに決めた -10 とか -2 っていう損失の値に依存するんじゃないの？」

「いい疑問だね。じゃあ損失を一般化することで、その問題をクリアしよう。君が雨に濡れることで生じる損失を $-c$ とおく。ただし $c > 0$ を仮定して、$-c$ は常にマイナスの値となるように定義するよ。次に傘を持ってくるコストを、雨に濡れる損失 $-c$ を使って、$-ac$ と表すことにしよう。ここで a は割合を示すから、$0 < a < 1$ と仮定する」

「ちょっとなに言ってるかわからない」青葉の頭はすでにこんがらがっていた。

「さっきの具体例にもどって考えてみよう。雨に濡れる損失が

$$-c = -10.$$

傘を持っていくコストはその $1/5$ だから $a = 1/5$ で

$$-ac = -\frac{1}{5} \times 10 = -2$$

ってこと」

「あ、そうか。a は要するに、《傘を持っていくコスト》が《雨に濡れるコスト》の何分の 1 かを表しているんだね」
「そういうこと。では、一般化した仮定のもとで傘を持ってくる条件を特定しよう」

---

1. 行動の選択肢は《傘を持つ》か《持たない》の 2 つ。天気は《雨》か《晴れ》の 2 つ
2. 雨に濡れると $-c$、濡れない場合は 0、傘を持ってくるコストは $-ac$ とする。ただし $0 < a < 1$
3. 雨の確率は p、晴れの確率は $1 - p$

傘を持って出た場合の平均の損失は

$$(1-p) \times (-ac) + p \times (-ac) = (-ac + pac) + (-pac) = -ac.$$

一方、傘を持ってこなかった場合の平均の損失は

$$(1-p) \times 0 + p \times (-c) = 0 + (-pc) = -pc.$$

よって、傘を持ってくる条件は

$$-ac > -pc$$

と書ける。これを p について整理すると、

$$\begin{aligned}
-ac &> -pc \\
ac &< pc & &\text{両辺に } -1 \text{ をかける} \\
pc &> ac & &\text{右辺と左辺を入れ替える} \\
p &> \frac{ac}{c} & &c \text{ でわる} \\
p &> a & &c \text{ が打ち消しあう}
\end{aligned}$$

となる。

つまり、損失を一般化したモデルによれば、傘を持ってくる条件は単に

雨の確率 p が a より大きいこと

だとわかる。

───────────────

「結局、雨に濡れる損失に対する傘を持つコストの割合を示す a だけで決まる。日常語で考えていても $p > a$ という条件は出てこない。期待値の条件を簡略化した結果として、$p > a$ という関係が論理的に出てくるところに意味がある」

青葉は花京院が示した計算の結果をじっと見つめた。計算自体は簡単だった。しかしなにか納得できないところがあった。自分でもどこが納得できないのか、わからなかった。

「どこか気になる？」花京院が聞いた。

「うーんと、なんか気になる。でも《どこ》って言われるとわからない」

「そういう感覚は大切にしたほうがいい。自分の違和感がどこから生じているのかを特定できれば、さらに理解が深まる。逆に、わかっていないのにわかったつもりになることが、最も危険だ」

青葉は、花京院の書いた式を再びじっと見つめた。今度は、自分がどこにひっかかるのかに注意しながら。

「うーん、たぶん $p > a$ のところかな……。そうだなー、なんて言ったらいいのかな。そこは確率の種類が違うような気がするよ」

「種類？」

「えーっとね、p は雨が降る確率でしょ。で、a は雨に濡れる損失に対する傘を持ち運ぶコストの割合でしょ。違う概念を $>$ で比較することの意味がわからない」

「なるほど。たしかに雨の降る確率 p とコストの相対割合 a は異なる概念だ。そういう場合、$p > a$ の実質的な意味を考えてみればいい。a が大きいほど、傘を持つコストは大きくなる。だから傘を持つコストが大きくなればなるほど、高い確率で雨が降らなければ、傘を持ってこない、という解釈が成り立つ。たとえば傘の重さが 3kg あると仮定する。そんな重くてかさばるものを持って歩くのはイヤだから、雨が降ることが確実でなければ、君はその傘を持ってこない。これは極めて自然だ」

「まあたしかに……」

「逆に君の傘がものすごく軽くてコンパクトに折りたためるとする。すると傘を持つコストが小さいので、雨の降る確率が小さくても、君は傘を持っ

てくるだろう。$p > a$ の意味は、実質的にはそういうことだ」

「でも、それって当たり前じゃん。わざわざ計算して言う必要ある？」

「結論はたしかにありきたりかもしれない。でも、$p > a$ という関係は、計算するまでは出てこなかった」

「そう言われてみればそうか」青葉はようやく納得した。

「ほかに気になるところはある？」

「えーっとね、$0 < a < 1$ って仮定したでしょ。$1 < a$ の場合は考えなくていいの？」

「そうだね、そういう場合は考えていなかった。じゃあ、$1 < a$ という条件で考えてみよう。$1 < a$ の意味は、傘を持ってくるコストが雨に濡れる損失を上回る、ということだ。p は最大でも 1 だから、$1 < a$ なら必ず $p < a$ となる。だから、傘を持ってくる条件 $p > a$ は成立しない。つまり、傘を持ってくることはない」

「そっか。$1 < a$ なら、濡れることよりも傘を持ってくることがイヤだから、雨の降る確率が 1 でも持ってこないんだね」

「この仮定を変えてみたいと思ったら、いまやったように実際に試してみるといいよ。なにか新しい発見があるかもしれない。モデルの仮定も、結論に至るまでの推論のプロセスも、すべて明確に示すことが大切だ。《この仮定だから、この結論に到達する》という論理の連鎖が重要なんだよ」

青葉は、花京院の説明を聞いて、モデルを使って人の行動を説明することの意味が少しだけわかったような気がした。

ただ、モデルを使って考える方法が、自分の人生のさまざまな場面で役立つことになろうとは、このとき彼女は想像していなかった。

まとめ

- モデルとは、現実世界を単純化・抽象化したものであり、明確な仮定からなる
- モデルの目的は、単純な原理から現実を説明することである
- モデルから意外なインプリケーションを導き出せる

- モデルのインプリケーションは、世界について新しい理解をもたらす
- 不確実な状況下での意思決定問題は確率モデルで表現できる
- 応用例：宝くじを買うかどうか、保険に加入するかどうか、公務員試験を受けるかどうか。このような意思決定問題では、期待値の比較が目安を与えてくれる

参考文献

Lave, Charles A. and James G. March, [1975] 1993, *An Introduction to Models in the Social Sciences, Reprint*, University Press of America, Inc.（＝1991，佐藤嘉倫・大澤定順・都築一治（訳）『社会科学のためのモデル入門』ハーベスト社．）

> 社会科学におけるモデルを初学者向けに基礎から丁寧に論じた教科書です。高校生くらいから読める難易度で、豊富な具体例を使ってわかりやすく書かれています。各要所で作者が理解を促すための問題を用意しているので、そこで立ち止まって考えながら読むと、モデルを使ってものごとを分析する方法が身につきます。

第 1 章

隠された事実を知る方法

第 1 章
隠された事実を知る方法

1.1 ダメな質問票

「うーん、わかんない‥‥‥」青葉は研究室のモニタを見ながらつぶやいた。

「どうしたの」向かいのパソコンの前に座った花京院は画面から目を離さず聞いた。カタカタカタと規則正しくキーボードを叩く音が響く。

「うちの大学、全面禁煙でしょ？　でも、こっそり煙草を吸っている人がいるみたいなんだ。しかも結構な数」

「そういえば、A 棟の横の植え込みとか、よく吸い殻が落ちてるよ」花京院が答えた。

「それで、社会調査法の実習を兼ねて、学生の喫煙率を調べようってことになったんだよ‥‥‥。でも、この質問票じゃよくないって先生に言われたんだ」青葉は作成中の質問票をプリントアウトして花京院に渡した。

あなたは、大学内で煙草を吸ったことがありますか？　次の選択肢から 1 つ選んでお答えください。

1. 吸ったことがある
2. 吸ったことがない

花京院は質問票を一瞥すると、たしかにこれじゃダメだね、と愛想なくつぶやいた。

「やっぱりダメ？」

「建前上は全学禁煙なんだから、ルールを破ってますってわざわざ答えな

いと思うよ。《万引きしたことありますか》とか《ドラッグを使用したことがありますか》っていう質問と同じだよ。体験者が正直に《はい》と答えると思う？」

「答えないか」

「そういう逸脱行動にかんする質問への反応には、社会的に望ましい回答を選ぶバイアスがかかる」

「うーん、やっぱりダメかー。でも、質問票以外に方法はないしなー」

「各回答者が吸ったかどうかは特定できないけど、全体の喫煙率を推定する方法ならあるよ」

「え？ そんなことできるの？ 教えて」

1.2　回答のランダム化

「まず回答者に、質問に答える前にコインを投げてもらう。10円玉とか」

「ふん、ふん」

「調査者は、コインを投げた結果を見ない。そして回答者は表が出たら、正直に質問に答える。でも裏が出たら、必ず《はい》を選択してもらう」

「それで？」青葉は身を乗り出した。

「それだけ」

「え？ なんでそれで喫煙率がわかるの？ それに、どうしてコインを投げると、回答者が正直に答えるの？」青葉の頭には無数の《？》が浮かんだ。

「厳密に言うと、回答者が正直に答えるかどうかはわからない。ただし、この方法なら、単純に聞くよりも正直な回答を得る可能性が高い」

「そうかなあ」青葉はまだ半信半疑だ。

「回答者の立場になって考えるとわかるよ」花京院にうながされ、青葉は回答者の心理を想像した。

「えーっと、私がもし煙草をこっそり学内で吸ってたとするでしょ。で、コインの表が出たとする。私が正直に《はい》を選ぶと、私が《はい》と答えたことは調査者にはわかる。えーっと、でもコインで裏が出た人は全員《はい》と答えていて、その中には吸ってないけど《はい》と答える人がいて……、ダメだ。こんがらがってきた」

「いま僕らが考えている状況には、2種類の行為者がいる。《回答者》と《調査者》の2種類だ。そして、回答者が見ている世界と、調査者が見てい

第1章 ● 隠された事実を知る方法

る世界は異なっている。そのことをまず明確にしておこう」花京院はホワイトボードに図を描いて説明した。

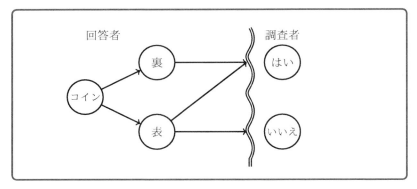

「波線の左側が回答者の世界で、右側が調査者に見える世界だよ。調査者から見た場合、《はい》という回答は、コインの裏によって出た《はい》なのか、表が出た後に事実にもとづいて答えた《はい》なのか、区別はつかない。」

「そっかー。たとえば私が煙草を吸っていた場合、事実にもとづいて《はい》と答えたとしても、その回答は裏が出た人の《はい》の中にまぎれちゃうってことね」

「まぎれるっていうのは、いい表現だね。そのとおりだよ」

「でも、本当の《はい》とコインによる嘘の《はい》をどうやって区別するの？」

「ここからがおもしろいところなんだ。単純なモデルで説明しよう」花京院が楽しそうに言った。

「モデル？　この図がモデルなの？」

「図はモデルの一部だよ。図だけではモデルとしての情報がまだ足りないから、集合や確率を使って、もっと正確に表現する必要がある。《現象をモデル化する》とは、現実世界で起こることを抽象化して、ノイズのない理念的な世界を組み立てることなんだよ」

「ちょっとなに言ってるかわからない」

「これから具体的に、少しずつモデルをつくっていこう。モデルができれば、『本当の《はい》と、コインによる嘘の《はい》をどうやって区別するのか』という君の疑問に答えることができるよ。重要なのは、視点を固定して考えるってことだ。さっき君が混乱したのは、回答者の視点と調査者の視点

をごっちゃにしたからなんだよ。モデルをつくるときには、モデルの世界全体を見渡すモデルビルダーの視点が必要になる。つまり、当事者たちの視点を俯瞰する視点に立つ必要がある」

1.3 集合で考える

「モデルビルダーの視点から、いま考えている状況を集合を使って表してみよう。集合を使うと、モデルを構成する対象としてなにが存在しているのかを明確に定義できる。まずは直感的に、調査対象者が次のような集団に分かれると考える」

$$A = \{ \text{コインで表が出た人たち} \}$$
$$B = \{ \text{コインで裏が出た人たち} \}$$
$$C = \{ A \text{の中で煙草を吸った人たち} \}$$
$$D = \{ B \text{の中で煙草を吸った人たち} \}$$

「ふむふむ。グループに分けたんだね」

「調査対象者が全部で n 人いるとして、その集まりを集合 N で表す。

$$N = \{1, 2, \ldots, n\}.$$

$1 \in N$ は 1 が N の要素であることを表す記号だよ。$i \in N$ と書けば、i が N の要素という意味。一般的な i という表現を使うと、A, B, C, D はこう書ける

$$A = \{i \mid \text{コインで表が出た } i\}$$
$$B = \{i \mid \text{コインで裏が出た } i\}$$
$$C = \{i \mid A \text{の中で煙草を吸った } i\}$$
$$D = \{i \mid B \text{の中で煙草を吸った } i\}$$

縦棒の右に書いた文章は、その集合の要素が満たすべき条件を示している。たとえば $A = \{i \mid \text{コインで表が出た } i\}$ は、N の要素である i のうち、コインで表が出た i をすべて集めてつくった集まりのことだよ」

「えー、ちょっと待って。集合ってよくわからないんだけど」

「この場合は、集団とかグループのことだと考えればいい。$\{\mid\ \}$ の中に書いた性質を満たす人たちの集まりに、A から D まで名前をつけたんだよ。

図で描くと、もっとわかりやすいかな」花京院はホワイトボードに図を描いた。

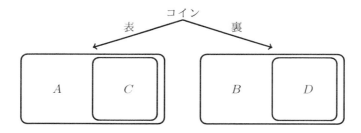

「この図は、コインによって人々がランダムに集合 A と B にわかれる様子を表している。ただし、データとして見えているのは単に、

《はい》と答えた人数　と　《いいえ》と答えた人数

だけだ。データだけを見てもこの図は描けない。逆に言えば、この図は観察データをすでに一般的な視点から抽象化したものだと言える」
「ふむふむ、ちょっとわかってきたよ」
「ここでポイントは、

C に属す人は必ず A に属する
D に属す人は必ず B に属する

ってことだよ。言い換えると、

《表が出た人の中で煙草を吸う人》は《表が出た人》でもある
《裏が出た人の中で煙草を吸う人》は《裏が出た人》でもある

ということ。意味を考えれば当たり前だね。
このことを記号で、

$$C \subset A, \quad D \subset B$$

と表す。《C は A の部分集合》《D は B の部分集合》って読むんだ」
「OK」
「次に集合の要素数を表す記号を定義しよう。$|A|$ という記号で、集合 A に属している要素の数を表す。たとえば集合 $A = \{1, 2, 4, 6\}$ の場合、要素が 4 つだから、記号で書くと $|A| = 4$ だよ」

「$|A|$ は集合 A に属している要素の数だね。わかったよ。この記号って絶対値の記号と同じだよね？ どうやって区別するの？」

「いいところに気がついた。数学では同じ記号を、文脈によって異なる意味でときどき使う。だから 1 つの記号が常に同じ意味を持つわけじゃなくて、文脈に応じて意味が変わるんだ。親切なテキストはたいてい、『ここから、この記号はこの意味で使います。間違えないでね』って書いてあるけど、そうじゃない場合は文脈から判断するんだよ」

「そっかー。そういうこと、いつも書いててほしいなー」

「たとえば π は、円周率を表す記号として使われる一方で、経済学では利潤を表す記号として使われることがある。利潤 profit の p はギリシア文字で π だからね。それから記号だけじゃなくって、ときには同じ名前の概念が分野によって異なる意味で使われることもある。たとえば特性関数（characteristic function）という概念は、確率論とゲーム理論では、全然異なる意味で使われている。こういうことは数学に限らず、いろんな領域で起こることだよ」

「ふうん。どっちも知らなかったよ。説明がないと混乱しそうだね」

「記号の意味や読み方でつまずくことって意外と多いんだ。もったいないと思うよ」

1.4 喫煙率の推定

「それじゃあ数値例をもとに、喫煙率の推定を考えてみよう。いま 1000 人を調査したら、《はい》という回答が 600 人いたと仮定する。この 600 人は、

$$C = \{\text{コインの表が出て、正直に《はい》と答えた人}\}$$
$$B = \{\text{コインの裏が出た人}\}$$

という 2 つの集合に属す人が混ざっている」

「そうそう。調査者から見ると、B の中には、実際には吸ってないのに吸ったと答える人がいるから、吸った人の正確な数はわからないはずだよ」

「まあまあ、続きを聞いて。集計の結果《はい》と答えた 600 人は B か C に属している。B または C に属している人を集めてつくった集合を記号で $B \cup C$ と書き、B と C の和集合という。

$$B \cup C = \{B \text{ または } C \text{ に属している人たち}\}$$
$$= \{i \mid i \in B \text{ または } i \in C\}$$

その要素数は $|B \cup C| = 600$ だ」

「ん? どうして?」

「B または C に属している人たちは、実際の行動がどうであれ、データ上は《はい》と答えてるからだよ。そして、集計の結果《はい》と答えた人が 600 人いることはわかっている」

「あ、そうか」青葉は納得した。

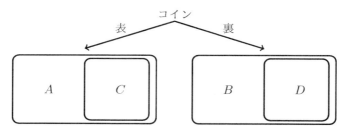

$$B \cup C = \{《はい》と答える人々\}$$

「グレーで色をつけた部分が $B \cup C$ だよ。じゃあ、$|B|$ はわかる?」

「$|B|$ ってことは、集合 B に入っている人の数だね。えーと集合 B は、コインで裏が出た人だから……、全体の半分くらいかな?」

「そう。コインにゆがみがなく、かつ総人数が多ければ、A と B の人数比は 1:1 に近づくと考えられる。ということは、全体が 1000 人だから、$|B|$ はだいたい 500 と仮定していい。残った $|A|$ のほうも 500 人ってことになる。数値例の仮定から、

$$|B \cup C| = 600, \quad |B| = 500, \quad |A| = 500$$

となる。また、コインの裏表はランダムに決まることから、

$$\frac{|C|}{|A|} = \frac{|D|}{|B|}$$

と推測できる。つまり、集合 A 内で煙草を吸った人(C)の割合は、集合 B 内で煙草を吸った人(D)の割合に等しい。この値は、全体における《煙草を吸った人の割合》に一致する」

「えー、ちょっと待って。どうして

$$\frac{|C|}{|A|} = \frac{|D|}{|B|}$$

になるの？」青葉が聞いた。

「いい疑問だ。仮に全体 1000 人のうち 400 人が喫煙者だと仮定しよう。全員にコインを投げてもらい、表が出た人だけを集めて集合 A をつくったとする。この集合 A のなかで喫煙者は何人だと思う？」

「えーっと、コインでだいたい半々に分かれるんだよね。ってことは、喫煙者も半々に分かれるから 200 人かな？」

「そう。直感的には、コインによって全体をランダムに半分に分けた場合、喫煙者も半分ずつに分かれているはずだと想像できる。こんなイメージだよ」

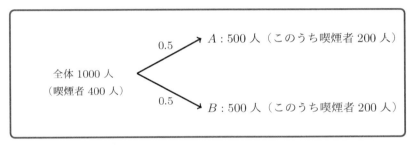

「コインによって全体の 0.5 を集団 A に、0.5 を集団 B に分けたというイメージだよ。あくまで理想的な世界をイメージしているだけであって、現実に 1000 人をコインで分けても、500 人ずつに綺麗に分かれないこともあるから注意してね」

「わかった」

「これを人数ではなく、％ で表現すると、こうなる」

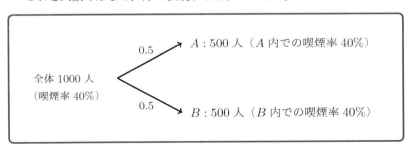

「コイン投げの結果がランダムなら、A における喫煙率は全体の喫煙率と同じであることが期待できる。B の喫煙率も同じだよ」

「なるほど」

「たとえば、日本人全体から一部を標本としてランダムに抽出すると、標本の男女比や年齢構成は、日本人全体のそれとほぼ一致する。いまの例と、基本的な理屈は一緒だよ」

じゃあ、続けよう。$|C|$ の数さえわかれば、$\frac{|C|}{|A|}$ の値がわかるから、$|C|$ の数を $|B \cup C|$ から計算しよう。$B \cap C = \{i \mid i \in B \text{ かつ } i \in C\}$ と定義して、これを B と C の共通集合と呼ぶ。いま、

B に属する人はコインが裏

C に属する人はコインが表

だから、B と C に同時に属する人はいない。このことを

$$B \cap C = \emptyset$$

と書き、B と C は《相互に背反》であるという。この記号 $\emptyset$ は空集合の意味で、その集合に属する要素はないってことを表しているよ。

このとき、

$$|B \cup C| = |B| + |C|$$
$$|B \cup C| - |B| = |C| \qquad \text{両辺から $|B|$ を引く}$$

が成立する。$|B \cup C| = 600$ と $|B| = 500$ を使って計算すると、

$$|B \cup C| - |B| = |C|$$
$$600 - 500 = 100$$

だから、$|C| = 100$ であることがわかる。よって、

$$\frac{|C|}{|A|} = \frac{100}{500} = 0.2$$

である。このことから A における喫煙率は 20% であり、全体の喫煙率も 20% と推測できる。

「うーん、なるほどお。ちょっと不思議な感じ」

「コインによるランダムな割り当てと、回答者の心理的傾向に対する洞察をうまく組み合わせた方法だよ。回答のランダム化って呼ばれている。最後に手順をまとめておこう」

- 回答者はコインを投げ、裏なら常に《はい》を、表なら正直な答えを回答する
- 調査者は回答者の投げたコインを観察できず、回答のみ観察できる
- コインの表が出る確率と裏が出る確率が等しく 0.5 ならば、全体の半数がコインの裏によって《はい》と回答したと予測できる
- すべての《はい》回答者から、全体の半数を引いた数が、コインで表が出た人たちのなかでの喫煙者数におおむね一致する

1.5 確率変数

「じゃあ、理屈の部分をちょっと補足しておこう。高校のときに確率を習った？」

「えーっと、コインを投げると表が $1/2$ の確率で出るとか、そういう話くらいしか覚えてないな」

「うん。十分だよ。コイン投げを例に確率変数っていう考え方を説明しよう」花京院はホワイトボードに図を描いた。

$$
\begin{aligned}
&\text{裏が出る} \rightarrow 0 \\
&\text{表が出る} \rightarrow 1
\end{aligned}
$$

「こんなふうに、《裏が出る》っていうできごとに数字の 0 を、《表が出る》っていうできごとに数字の 1 を対応させる」

「うん」

「この《できごと》と数字を対応させる規則のことを確率変数という。確率変数によって《できごと》に対応させた数値を確率変数の実現値という。実現値の確率はちゃんと定義されている。たとえば……」

できごと		実現値	確率
裏が出る	→	0	0.5
表が出る	→	1	0.5

「こんな感じだよ。数値の 0 や 1 を確率変数の実現値と呼ぶ。表と裏が出る確率が半々でなくてもいい。たとえばコインが曲がっていて、表のほうが少し出やすい場合は、こんな感じ」

できごと		実現値	確率
裏が出る	→	0	0.4
表が出る	→	1	0.6

「確率変数はすべての《できごと》に対して《数》を対応させる関数だから、図でいうと、□で囲まれた範囲の対応を表している」

できごと		数	確率
裏が出る	→	0	0.4
表が出る	→	1	0.6

「できごとの集合を

$$\Omega = \{\, 裏, 表 \,\}$$

で表し、これを標本空間 Ω と呼ぶ。確率変数は名前に《変数》という字を使っているけど、標本空間 Ω から実数集合 $\mathbb{R}$ への関数なんだ。たとえば、コインの確率変数 X は標本空間 $\Omega = \{\, 裏, 表 \,\}$ の要素である裏と表を、0 と 1 に対応させる関数

$$X(裏) = 0$$
$$X(表) = 1$$

と定義される。それぞれの確率は、たとえば

$$P(X(裏) = 0) = 0.4$$
$$P(X(表) = 1) = 0.6$$

と定義される。$X = 0$ である確率が 0.4、$X = 1$ である確率が 0.6 と読むんだよ。省略した書き方として

$$P(X=0) = 0.4$$
$$P(X=1) = 0.6$$

と書くことが多い」

「確率変数かあ……、うーん…… なんでわざわざ数字に置き換える必要があるのかな？ そんなことしてなにがうれしいの？ 表・裏のままのほうが簡単でいいじゃん」青葉が少し不満そうに言った。

「数字に対応させると便利なんだよ。たとえば《裏と0》《表と1》を対応させると、表や裏の出た回数を簡単に数えることができる。平均の計算も簡単だ。ほかには、1000人がゆがみのないコインを投げたとき、表の出た人数が500人に近いってことを説明できる」

「え？ そんなの当たり前じゃないの？」

「経験的には、当たり前に思うかもしれないけど、それに対応した確率論の定理があるんだ。大数の弱法則っていうんだ」

「大数の弱法則……。なんか強いのか弱いのかよくわからない名前だね」

「便利な定理なんだよ。これを証明するためには、《期待値》《分散》《チェビシェフの不等式》が必要だ。興味があったら今度教えてあげるよ[*1]」

「うーん、難しそうだね。じつは私、分散もよくわかんないんだ」

1.6 期待値と分散

「じゃあ今日は、確率変数の期待値と分散だけ説明しておこう。期待値は高校で習った？」

「えーっと、確率変数の平均みたいなやつだっけ……」青葉は自信なさそうにつぶやいた。

「そうだよ。復習がてら、例で確認してみよう」

コインを確率変数 X で表し、

$$\text{確率}\, 0.6\, \text{で}\, X = 1$$
$$\text{確率}\, 0.4\, \text{で}\, X = 0$$

[*1] 大数の弱法則については第9章で説明します。弱大数の法則と呼ぶこともありますが、意味は同じです（英語では weak law of large numbers といいます）

になると仮定する。このとき、

$$(\underbrace{1}_{実現値} \times \overbrace{0.6}^{\substack{1になる\\確率}}) + (\underbrace{0}_{実現値} \times \overbrace{0.4}^{\substack{0になる\\確率}}) = 0.6 + 0 = 0.6$$

を確率変数 X の期待値といい、記号で $E[X]$ と書く。期待値は英語で expectation だから、$E[X]$ の E はその略だよ。

「えーっと、期待値は《確率変数の実現値》と《その実現値の確率》をかけた値の合計ってこと？」

「そうだよ。もう一つ別の例を考えてみよう」

サイコロを確率変数 X で表し、その確率を以下のように定義する。

目の数	1	2	3	4	5	6
確率	1/6	1/6	1/6	1/6	1/6	1/6

このとき、サイコロの期待値 $E[X]$ は

$$\underbrace{1}_{\substack{確率変数\\の実現値}} \times \overbrace{\frac{1}{6}}^{確率} + 2 \times \frac{1}{6} + 3 \times \frac{1}{6} + 4 \times \frac{1}{6} + 5 \times \frac{1}{6} + 6 \times \frac{1}{6} = 3.5$$

である。

「うん、計算はわかるよ。でも、サイコロの期待値が 3.5 ってどういう意味なのかな。サイコロの目には 3.5 なんて数値はないよ」

「じゃあ $\{1, 2, 3, 4, 5, 6\}$ の平均値ってわかる？」

「平均値ならわかるよ。《全部足して個数で割った値》のことでしょ。

$$\frac{1+2+3+4+5+6}{6} = \frac{21}{6} = 3.5$$

だよ。あれ？ $\{1, 2, 3, 4, 5, 6\}$ の平均値 3.5 って、サイコロの期待値 $E[X] = 3.5$ と同じだ」

「$\{1, 2, 3, 4, 5, 6\}$ っていうデータの平均とサイコロの期待値が一致することは、次のように確かめることができる。

$$\text{平均} = \frac{1+2+3+4+5+6}{6}$$
$$= 1 \times \frac{1}{6} + 2 \times \frac{1}{6} + 3 \times \frac{1}{6} + 4 \times \frac{1}{6} + 5 \times \frac{1}{6} + 6 \times \frac{1}{6}$$
$$\text{期待値の計算式と一致する}$$
$$= 3.5$$

 個数で割るという操作は、各目に $\frac{1}{6}$ をかけるという操作と一致する。この $\frac{1}{6}$ は、ゆがみのないサイコロの各目が出る確率と等しい。ゆがみのないサイコロをたくさん振って、出た目を記録すると、その平均値は 3.5 に近いはずだ。振る回数が多くなればなるほど、データから計算した平均と理論上の期待値の差はだんだん小さくなっていく。それを示した定理が《大数の弱法則》なんだ」

「へー」

「じゃあ、期待値の一般的な定義を確認しておこう」

定義 1.1 (確率変数の期待値)

確率変数 X の確率分布が次のように与えられたと仮定する。

実現値	x_1	x_2	$\cdots$	x_n
確率	p_1	p_2	$\cdots$	p_n

このとき、次の総和

$$x_1 p_1 + x_2 p_2 + \cdots + x_n p_n = \sum_{i=1}^{n} x_i p_i$$

を確率変数 X の期待値と呼び、記号で $E[X]$ と書く。

$$E[X] = \sum_{i=1}^{n} x_i p_i$$

「確率変数 X は大文字で、その実現値は x_1, x_2 のように小文字で書くことが多いよ」

「うわー。$\sum$ かー。これ苦手なんだあ」

「ただの足し算の略記だよ。読み方は《サメーション》で、記号の意味は

《添え字 i を1つずつ増やしながら全部足す》だよ。たとえば、

$$\sum_{i=1}^{3} x_i = x_1 + x_2 + x_3.$$

高校では、この記号 $\sum$ をシグマって呼ぶことが多かったかな」

「そんな記号使わずに、ぜんぶ足し算で書けばいいじゃん」青葉が口をとがらせた。

「たくさん足すときに、いちいち全部書いたら面倒だよ。たとえば x_1 から x_{1000} まで足すとき、サメーションを使えば、

$$\sum_{i=1}^{1000} x_i$$

の一言で済む」

「まあ、しょーがないか。たくさん書くの面倒だもんね」

「$\sum$ を使うメリットは他にもあるけど、今度紹介するね。じゃあ次は分散の話をしよう。分散は確率変数の実現値やデータのばらつき具合を表す数値だよ。たとえば確率変数 X と Y が次のような分布を持つとしよう」

X の確率分布			
X	-1	0	1
確率	$1/3$	$1/3$	$1/3$

Y の確率分布			
Y	-3	0	3
確率	$1/3$	$1/3$	$1/3$

分散の定義は、

$$(\text{実現値} - \text{期待値})^2 \text{の平均}$$

だよ。確率変数 X の分散は記号で $V[X]$ と書く。分散は英語で variance だから、V はその略だよ。

確率変数 X と Y の分散を、この定義にもとづいて計算してみよう。まず X と Y の期待値を計算する。

$$E[X] = -1 \cdot \frac{1}{3} + 0 \cdot \frac{1}{3} + 1 \cdot \frac{1}{3} = -\frac{1}{3} + 0 + \frac{1}{3} = 0$$

$$E[Y] = -3 \cdot \frac{1}{3} + 0 \cdot \frac{1}{3} + 3 \cdot \frac{1}{3} = -1 + 0 + 1 = 0.$$

両方とも 0 だね。期待値を使って分散の定義にあてはめると、

$$V[X] = (\underbrace{-1}_{\text{実現値}} - \underbrace{0}_{\text{期待値}})^2 \cdot \underbrace{\frac{1}{3}}_{\text{確率}} + (0-0)^2 \cdot \frac{1}{3} + (1-0)^2 \cdot \frac{1}{3}$$

$$= 1 \cdot \frac{1}{3} + 0 \cdot \frac{1}{3} + 1 \cdot \frac{1}{3}$$

$$= \frac{1}{3} + 0 + \frac{1}{3} = \frac{2}{3}$$

$$V[Y] = (-3-0)^2 \cdot \frac{1}{3} + (0-0)^2 \cdot \frac{1}{3} + (3-0)^2 \cdot \frac{1}{3}$$

$$= 9 \cdot \frac{1}{3} + 0 \cdot \frac{1}{3} + 9 \cdot \frac{1}{3}$$

$$= 3 + 0 + 3 = 6$$

となる。分散は《平均からの離れ具合の平均》だから、平均の近くに値が集まっているほど小さく、遠くに離れているほど大きくなるんだ。図に描くと、こういう感じになるよ。白い◯は確率変数の実現値を示している。

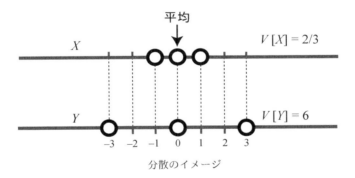

分散のイメージ

「Y のほうが実現値の範囲が広いから、分散が大きいんだね」

「そういうこと。それじゃあ、一般的な定義を確認しておこう」

定義 1.2（確率変数の分散）

実現値 $\{x_1, x_2, \ldots, x_n\}$ に対応する確率が $\{p_1, p_2, \ldots, p_n\}$、期待値が $E[X] = \mu$ である確率変数 X に対して、次の総和

$$(x_1 - \mu)^2 p_1 + (x_2 - \mu)^2 p_2 + \cdots + (x_n - \mu)^2 p_n$$
$$= \sum_{i=1}^{n} (x_i - \mu)^2 p_i$$

を確率変数 X の分散と呼び、記号で $V[X]$ と書く。

$$V[X] = \sum_{i=1}^{n}(x_i - \mu)^2 p_i$$

「うわー、式で書くと、やっぱり難しー」

「分散は期待値の一種だと考えれば理解しやすいよ。期待値の定義は、

$$\sum_{i=1}^{n} x_i p_i = E[X]$$

だった。分散を期待値の記号で表現すれば

$$V[X] = \sum_{i=1}^{n}(x_i - \mu)^2 p_i = E[(X - \mu)^2]$$

となる。つまり分散は $(X - \mu)^2$ の期待値なんだ。ほかにも X^2 の期待値や X^3 の期待値

$$E[X^2] = \sum_{i=1}^{n}(x_i)^2 p_i$$

$$E[X^3] = \sum_{i=1}^{n}(x_i)^3 p_i$$

があって、それぞれ応用の場面で使われてるんだ。一般的に言うと、期待値や分散は、

$$E[f(X)] = \sum_{i=1}^{n} f(x_i) p_i$$

という《確率変数の関数》の期待値の一例なんだよ。

ところで確率変数 Y の実現値に注目すると、Y は X のちょうど3倍になっていることがわかる。分散を比較してみると $V[X] = 2/3, V[Y] = 6$ だから $9V[X] = V[Y]$ という関係になっている。つまり $Y = 3X$ のとき、

$$V[Y] = V[3X] = 3^2 V[X]$$

なんだ。一般に $V[aX] = a^2 V[X]$ が成立するんだよ。簡単だから証明に挑戦してみるといいよ」

1.7 わからないときは

「ちょっと難しかったけど、前よりも《分散》のことがわかった気がする」
青葉は分散の定義と計算方法を見直した。

「さっきも言ったけど、すぐに理解できなくてもいいんだよ。計算を一段ずつ紙に書いて、ゆっくりと時間をかけて理解すればいい。今日時間がなければ《わからない》まま中断して、いつかまたその場所に戻って考えればいい。わかっていないのに自分をごまかして、《わかったこと》にしちゃいけない。わからないことはなにも悪くない。僕もときどき《わかったふり》をしたくなるけど、結局それだとふりをしてるだけで、ほんとうの理解からは遠のいてしまう」

「へえ、花京院くんでも《わかったふり》とかするんだね。ちょっと意外」

「虚栄心というか見栄というか……。人から賢く思われたいんだろうね。そういう態度は結局、自覚しないまま自分で自分の頭を悪くしている。わからないことを覚えておいて、何度も何度もその場所に戻ってくることが大切だよ。途中で諦めたり投げ出したりしないで、気長につきあうんだ」

「ふうん。それで、いつかわかるようになるのかなあ」

「きっといつかわかる。ときには、わからない箇所はそのままにして、先に進むことも大切だ。テキストに書かれたとおりの順番で理解しなくてもいい。自分がわかるところから読んでいけばいいと思うよ」

「でもさあ、わからないまま先に進むのって気持ち悪いじゃん」

「その気持ちはわかるけど、実際にはときどきそうしたほうが、かえって挫折しないんだよ」

「そうかなー」

「たとえば……、ジグソーパズルをつくるとき、君はどうやって組み立てる?」

「え? それって、数学となんの関係があるの?」

「ジグソーパズルをつくるときって、まず端っこから始めない?」

「そうだね、四隅や辺のパーツをまず見つけるかな」

「それから?」

「わかりやすい色とか絵の部分だけ先にくっつけていくよ」青葉は記憶を探って、パズルのつくり方を思い出した。最近はあまりつくっていない。

「わかりやすい部分だけ先につくっておくと、あとになってから他の部分

第1章 ● 隠された事実を知る方法

とくっつくことがあるでしょ？」

「ある、あるー。楽しいよね」

「先にできあがった《部分》と《部分》をつなぐピースをあとで見つければ、大きな絵ができあがる。難しいことを理解するってことは、あの作業と似ていると僕は思うんだ。わかりやすい部分だけを先に理解しておいて、あとでわかった部分同士をつなぐと、より体系的で完全な理解に近づく。部分と部分がつながったことで、はじめて全体としての大きな理論が見えることもある」

青葉は、小さなピースのかたまりが、やがて大きな1枚の絵へと成長する場面を想像した。

「たしかに言われてみれば、おっきなパズルって、そんなふうにつくった気がする」

「もし、1つの角から始めて、すべてのピースをそこからつなげるようにしてつくったらどうだろう」

「そりゃ効率悪いねー」青葉が即答した。

「数学や、数学を使った理論を1から順番に完全に理解しようとするのは、そういう効率の悪いやり方と似てる」

「なるほど、そんなものかー」青葉は少なくとも、メタファーとしては納得した。しかし数学の理解にかんしては、まだなにが釈然としない思いを抱いていた。

「でも私、数学の才能ないからさー。やっぱり花京院くんみたいにはいかないよ」

「数学の才能って、君はたとえばどういうことをイメージしてるの？」

「えーっとほら、なんかこう、額にシュピーンって稲妻が走って、定理がぱっと閃く感じだよ。ニュータイプみたいに。『見える、私にも見えるぞ』みたいな？」青葉は父親の影響で、ファーストガンダムに詳しかった。

「そういう閃きや飛躍も必要かもしれないけど、そんなのなくても大丈夫だよ。君は才能あると思うよ」

「え？ 嘘でしょ？ どこが？」

「わからないところを正直にわからないって言えるところだよ」そう言って花京院は微笑んだ。

その後、青葉は花京院のアドバイスにしたがい、回答のランダム化を利用

した質問票を作成した。調査を実施するときには、回答者が投げたコインが調査者から見えないように、実験用の衝立を使った。おかげで、知りたかった喫煙率の推定もできたし、社会調査法の単位も無事習得できた。

ちなみに、学内の喫煙率は15％で、20代の全国平均よりも若干低い、ということが判明した。

まとめ

- 正直な回答に抵抗のある質問（喫煙、飲酒、犯罪、交通違反、性体験、薬物使用、不正、虐待、いじめなどにかんする質問）から得たデータには、バイアスが存在する可能性がある
- 回答のランダム化により、バイアスが取り除かれ、正直な回答に近い比率を推定できる
- 確率変数は、サイコロのように《ある数字がある確率で生じるもの》を抽象化した概念である
- 確率変数の平均やばらつきは、期待値と分散で表現される。分散が大きいことは、生じた値の大小がばらつくことを意味し、分散が小さいことは、そのばらつきが少ないことを意味する
- 「ゆがみのないコインをたくさん投げると、表の出る回数が総回数の半分に近づく」という経験的事実に対応した確率論の定理が《大数の弱法則》である
- 応用例：回答のランダム化においてコインを投げることが難しい場合は、回答者の携帯番号や誕生日の偶数／奇数を利用する方法がある

参考文献

Fox, James Alan, 2015, *Randomized Response and Related Methods: Surveying Sensitive Data*, Second Edition, SAGE Publications.

> 回答のランダム化と関連する方法を集中的に解説したコンパクトなテキストです。大学生から大学院生向けの難易度です。回答の選択肢が3つ以上の場

合の拡張モデルについても解説しています。

Rosenthal, Jeffrey S., 2005, *Struck by Lightning: the Curious World of Probabilities*, Granta Books.（＝2007，中村義作（監修）柴田裕之（訳）『運は数学にまかせなさい――確率・統計に学ぶ処世術』早川書房．）

　確率・統計についての一般向けの読み物です。確率論にもとづく意思決定がいかに日常生活で役立つかを、豊富な例を用いながら、数式を使わずにわかりやすく解説しています。

第 2 章

卒業までに彼氏ができる確率

第 2 章
卒業までに彼氏ができる確率

■ 2.1 恋愛結婚の普及率

「はあ……、もうダメだ」研究室の机の上に顔を伏せると、青葉は力なくつぶやいた。

「どうしたの」パソコンの前に座った花京院は画面から目を離さない。キーボードを打つカタカタカタという正確無比な音が響く。

「さっき、花京院くんも『現代社会論』の授業に出てたでしょ？ あそこで怖い話を聞いたの覚えてない？」

「怖い話？ そんなのあったっけ？」

「いまの日本はね、生涯未婚率が男性 23%、女性 14% なんだって。さらに、結婚する人の 8 割が恋愛結婚なんだよ。ヤバくない？ 私、結婚できる気がしないよ」

「どれどれ、ちょっと資料見せて」花京院は青葉から配布資料を受け取ると、パソコンを使って調査の概要を検索した。

「なるほど。たしかに見合い結婚が減少すると同時に、恋愛結婚が増加している。ただし、この調査の恋愛結婚の定義には、職場での出会いや、友人知人からの紹介がきっかけの結婚も含まれている。《恋愛結婚》っていう言葉のイメージだけで考えないほうがいいよ」花京院は冷静に答えた。

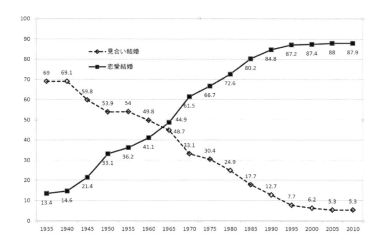

見合い結婚率と恋愛結婚率の推移[*1]

「そっかー、私てっきり、本屋で偶然同じ本を手に取ろうとして『はっ……』みたいな出会いをきっかけにしないとダメなんだと思ってた」

「それじゃ恋愛結婚の定義が狭すぎるよ。そもそも本屋で指が触れるまで手を伸ばしてくる人って怖い。不注意すぎる」

「でも大学に入ってから出会いも少ないし、この先不安だなー」青葉は大きくため息をついた。

「心配なら、計算してみるといい」なにかを思いついた様子で、花京院は楽しそうに言った。

「できるの？」

「モデルにもとづく、ざっくりとした計算なら」彼は、ホワイトボードを片手で引いて、机の横に設置した。

「モデルかあ。このあいだも教えてもらったけどさ、まだよくわからないところがあるんだよなー」

「じゃあ、実際にモデルをつくりながら説明しよう」

[*1] 国立社会保障・人口問題研究所、2017『現代日本の結婚と出産——第15回出生動向基本調査（独身者調査ならびに夫婦調査）報告書』:38 より作成しました

2.2 ベルヌーイ分布

「確率変数については前にコインを使って説明したね（第 1 章参照）。今日は、次のような確率変数を使ってみよう」

```
好きにならない   →   0
好きになる      →   1
```

「君と出会った男の子が、《君を好きにならない》場合が 0 で、《好きになる》場合が 1」

「ふむふむ。これくらい簡単ならわかる」

「《コインを投げること》と《男の子と出会う》ことには共通性がある。どちらも結果が 2 通りしかない。コインの場合は

$$\{表, 裏\}$$

の 2 通り。男の子との出会いは、相手が君を

$$\{\text{好きにならない}, \text{好きになる}\}$$

の 2 通り。一方が実現すると、他方は実現しない。だから一般的に、一方が実現する確率を p とおけば、他方は $1-p$ になる」

できごと		数	確率
好きにならない	→	0	$1-p$
好きになる	→	1	p

「このとき、確率変数が《ベルヌーイ分布》にしたがう、という」

「ベルヌーイ分布……。名前は難しそうだけど、ようするに《コイン投げ》とか《出会い》を確率で表現したものだね」

「そのとおり。定義はこうだよ」

2.2 ベルヌーイ分布

> **定義 2.1（ベルヌーイ分布）**
> 確率変数 X が確率 p で $X = 1$ となり、確率 $1 - p$ で $X = 0$ となるとき、確率変数 X はベルヌーイ分布にしたがう、という。

「これをベースにして、n 人の異性と出会い、x 人から好かれる確率を計算してみよう」

「おー、n 人とか x 人っていう表現が出てくると数学っぽくなるね」

「n や x を変数にしておけば、50 人でも 100 人でも、あとから好きな数字を代入できるから便利だ。《変数》を使う場合はその範囲が大切だよ。たとえば x の範囲は、1 から n じゃなくて、0 から n になるので注意してね」

「え、どうして……？」青葉は少し考えこんだ。「あ、そうか。誰も自分を好きにならなかったら、《0 人から好かれる》ってことか。うーん、それはヤバい」

「いきなり n 人だと難しいから、イメージをつかむために 3 人くらいから始めよう」

「そんな小さい数でいいの？」

「簡単な具体例から始めて、徐々に一般化する。これは数理モデルをつくるときの大原則だよ。単純例は計算が楽だし、モデルの構造も把握しやすい」

確率変数 X_1 で男性 1 を表す。意味はこうだよ。

$$X_1 = 1 : 男性 1 が君を好きになる$$
$$X_1 = 0 : 男性 1 が君を好きにならない$$

それぞれの確率を

$$P(X_1 = 1) = p$$
$$P(X_1 = 0) = 1 - p$$

と定義する。ここから先、X_2 と X_3 も同じ確率変数とし、それぞれ男性 2 と 3 を表すよ。

2.3 確率 p の解釈

「《確率 p で自分を好きになる》か……。うーん、これどういう意味なんだろう……。たとえば、《確率 0.01 で好かれる》って言われてもピンとこないな。ちょっぴり好きっていう意味？」

「いや、この場合の確率は、好意の度合いを意味しない。いま僕らが考えているモデルの世界では、《ちょっぴり好き》とか《すごーく好き》ってことを区別しないんだ。個人がとりうる状態は《好き》か《好きでない》か、そのどちらかでしかない」

青葉は目をつぶって考えた。

「もしそうなら、余計にわかんないよ。状態としては《好き》か《好きでない》しかないのに、確率 0.01 で《好き》になるってどういうこと？」

「なるほど、君の疑問はわかった。たとえば男性 1 が君を含め 100 人と出会い、そのうち 1 人だけを好きになると仮定する。男性 1 が人を好きになる確率を相対頻度で定義すると $1/100 = 0.01$ となる。つまり割合のことだね。これがひとつの解釈だ」

「割合かー。それならわかる」

「他の解釈もありえる。たとえば、男性 1 の心の中にルーレットがあって、誰かと出会った瞬間にルーレットが回り始める。そして、アタリのところで止まったら、相手を好きになる。ハズレで止まると好きにならない。全体の面積を 1、アタリの面積を p と仮定すれば、アタリの面積は男性 1 が誰かを《好きになる》確率を表している」

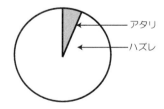

「ふうん、まあだいたいイメージできたかな」

「いまの君の疑問は重要だよ。確率がそもそも現実の《なに》に対応しているのかわからないという理由でつまずく人は多い。割合で解釈しやすい場合は、そう考えればいいし、ルーレットで考えたほうがよければ、そう考えるといい」

「OK」

「君と出会った相手1人1人が心の中にルーレットを持っていて、君と出会った瞬間にそれが回り始める。そして、《アタリ》で止まったら、君のことを好きになる。確率pで好きになるとは、ルーレットのアタリの部分の面積が、pという割合に一致することだと解釈する」

「この確率pっていうのは、どの人でも同じなの？ 好みってものがあるんだし、全員同じ確率で好きになるって、不自然じゃない？」青葉が質問した。

「それもいい疑問だ。たしかに、その仮定も現実的じゃない。君のことがすごくタイプだって言う人もいれば、全然タイプじゃないって言う人もいるだろう。だから、この仮定は事実をかなり単純化している。この仮定を一般化できるかどうかは、あとで考えてみることにしよう[*2]。いまの疑問は重要だから覚えておいてね」

「最初から、もっと現実的な仮定をおけばいいじゃない」青葉が不満そうに言った。

「モデルをつくるときによくやる失敗が、《最初から現実的な仮定を詰め込みすぎて、複雑にしてしまった結果、モデルが完成しない》ことなんだ。だから《はじめになるべく単純なモデルをつくり、一歩ずつ複雑な現実に近づけていく》ほうが絶対にいい。過度に単純な仮定であっても、はっきりと仮定しておけば、あとで修正しやすい。《現実的だけど完成しないモデル》よりも《単純だけど完成したモデル》のほうがずっといい。単純なモデルは複雑な絵を描くときの下描きのようなものだよ。細かな修正はあとで追加していけばいいんだ」

「ふーん。そんなものかな」

「それから、たいていの人にとって、普通の言葉の表現力よりも数学の表現力が低い、という点に気をつけないといけない」

「どういうこと？」

「君は英語と日本語、どっちを流暢にしゃべれる？」

「日本語に決まってるじゃん」青葉は即答した。

「数学の語彙力が、英語の語彙力と同じ程度だと想像してほしい。数学の言葉で現象を表現する試みは、日本人が英語で小説を書くようなものだ」

「そっかー、数学を英語みたいな外国語の一種と考えれば、たしかに流暢

[*2] 好きになる確率が個人間で異なる場合については第3章で考えます

には使えないね」青葉はうなずいた。

「だから、基本的な単語だけ使った英会話のように、数学を使ったモデル表現も、最初はなるべく簡単な数式だけを使えばいい。慣れてくると、いろんなことが表現できる」

2.4 組み合わせは何通り？

「さて、3人の男性と出会い、それぞれが君を《好きになる》か《好きにならない》を決める。君を好きになる人数だけに注目すると、結果は何パタンある？」

「えーと、3パタン。あ、違う。誰からも好かれない場合があるから、4パタンだ」

「そう。起こりうるパタンは、

　　　　0人から好かれる
　　　　1人から好かれる
　　　　2人から好かれる
　　　　3人から好かれる

の4パタンだ。それぞれの確率の計算を試しにやってみる？」

「うん」青葉は頭の中で、どういうパタンが実現するのかを考えはじめた。

（えーと……、……。）

しかし、考えるべきことが多すぎて、途中で諦めてしまった。

「それもよくある失敗の一つ。頭の中だけで計算するのは、思った以上に難しい」

「そうなんだよ。私、そんなに計算得意じゃないし」

「簡単で最強の解決法がある」

「え、なにそれ。教えて」青葉は身を乗り出した。

「紙に書くんだよ」

「なんだあ、そんなことか」青葉はがっくりと肩を落とした。

その様子を見て花京院が質問した。「345×587 を暗算で計算できる？」

「無理だよ、そんなの」

「じゃあ、345×587 を紙に書いて計算できる？」

「ぐっ…… そういうことか」青葉は花京院の言わんとすることを理解

した。

「いったん書いてしまった情報は、頭の中で保持しなくてもいい。順番にひとつずつ記憶を外部化することで、人間の計算能力は飛躍的に向上する。言われてみれば当たり前のことだけど、紙に書くことを習慣化している人は、していない人よりも格段に数学を深く理解できる。逆に言えば、紙に書くというわずかなコストを払うだけで、君は必ずいま以上の理解を得る」花京院はノートを広げ、青葉に差し出した。

「そんなものかな」青葉は言われるとおり、0 人のパタンから考え始めた。

「えーっと、まず、0 人の場合は 1 パタンしかないから簡単だね。次に 1 人から好かれるパタンは‥‥‥」

「ほら、そこで 0 人の場合が確定したから、その部分だけを表に書く。書いたら次は 1 人の場合だけを集中して考える」

花京院の指示どおりに、青葉は順番に一つずつ考えた。この方法は時間はかかるが、確実だった。先ほどは頭の中で一度に全部を考えようとして、混乱してしまったが、紙に書きながら進めることで、思考が一方向に定まり、一歩ずつ前進することができた。青葉は表を書き終えた。

よーし、全部のパタンを書いたよ。

X_1	X_2	X_3	合計
0	0	0	0
1	0	0	
0	1	0	1
0	0	1	
1	1	0	
1	0	1	2
0	1	1	
1	1	1	3

全部で 8 パタンだ。0 人や 3 人になるパタンは 1 つだけど、1 人と 2 人になるパタンは 3 種類あるね‥‥‥。うーん、ここからどうするのかな‥‥‥。

表を眺めていた青葉は、ある規則が成立していることに気づいた。

「そうか……、自分を好きになる人の合計は、いつも

$$X_1 + X_2 + X_3$$

になってる……。でも、まあ、よく考えてみれば当たり前か。確率変数の定義がそもそも、好きなら 1、好きでなかったら 0 っていう規則だもんね」

「いや、いいところに気がついたよ。特に確率変数 X_1, X_2, X_3 を足して、1 つの確率変数 X としてまとめるところは、すごくいいアイデアだよ」

「そうかな？」青葉は少し照れた。

「ただし、《確率変数を足す》ってどういうことか、もう少し明確に説明しないといけないな。できる？」花京院が質問した。

「ぐっ……、たしかにそう言われてみると難しいな。実現値の足し算が合計人数になるっていう意味で考えたんだけど、確率変数って、そもそも対応のルールのことでしょ。ルールを足すってどういうことなのかな？」

2.5 独立な確率変数の足し算

「確率変数の足し算の意味を考える前に、独立性という考え方を説明しよう。たとえばサイコロを 2 つ振るとき、片方の目はもう一方の目に影響しない。このとき 2 つのサイコロは独立という」

「独立ね。聞いたことはあるよ」

「2 つの確率変数 X_1 と X_2 があるとしよう。この確率変数 X_1, X_2 が独立であるとは、どんな実現値 x_1, x_2 についても、

$$\underbrace{P(X_1 = x_1, X_2 = x_2)}_{X_1 = x_1 \text{かつ } X_2 = x_2 \text{の確率}} = \underbrace{P(X_1 = x_1)P(X_2 = x_2)}_{X_1 = x_1 \text{の確率} \times X_2 = x_2 \text{の確率}}$$

が成立することをいう」

「ちょっとなに言ってるかわからない」

「$P(X_1 = x_1, X_2 = x_2)$ は《X_1 の実現値が x_1》かつ《X_2 の実現値が x_2》である確率、という意味だよ。この確率が $P(X_1 = x_1)P(X_2 = x_2)$ に一致するとき、2 つの確率変数は独立であるという。

2.5 独立な確率変数の足し算

　具体例として、X_1 と X_2 がベルヌーイ分布にしたがう場合を考えよう。すると、実現値のパタンは 0 か 1 しかないから、すべての組み合わせを考えてやればいい。つまり、確率変数 X_1, X_2 が独立であるとは、

$$P(X_1 = 0, X_2 = 0) = P(X_1 = 0)P(X_2 = 0)$$
$$P(X_1 = 0, X_2 = 1) = P(X_1 = 0)P(X_2 = 1)$$
$$P(X_1 = 1, X_2 = 0) = P(X_1 = 1)P(X_2 = 0)$$
$$P(X_1 = 1, X_2 = 1) = P(X_1 = 1)P(X_2 = 1)$$

のすべてが成立することをいう。どう？ 具体的なイメージはつかめたかな？」

　「ようするにどんな実現値の場合でも、2 つの確率変数の同時確率が 1 個 1 個バラバラの確率の積で書けるっていう意味でしょ」

　「そういうこと。独立性を使うと、確率変数の足し算の意味を理解しやすい。具体的な例で確認しよう。まずベルヌーイ分布にしたがう 2 つの確率変数を次のように定義する」花京院が 2 つの確率変数の実現値と確率の対応を表に書いた。

	X_1		X_2	
実現値	0	1	0	1
確率	$\frac{1}{2}$	$\frac{1}{2}$	$\frac{1}{2}$	$\frac{1}{2}$

　「確率変数の実現値と確率の対応を定める関数を《確率関数》という。たとえば、X_1 の確率関数をグラフで表すとこうなる」

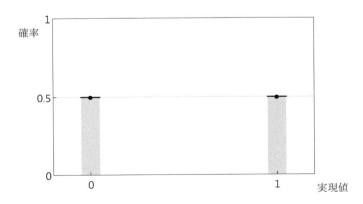

「X_2 の確率関数のグラフはどうなるかわかる？」

「X_1 のグラフと一緒でしょ」

「そのとおり。確率関数は一緒だけど、名前だけが違う。だから X_2 の確率関数のグラフは省略する。次に、2つの確率変数 X_1, X_2 を足して、新しい確率変数をつくってみよう」

実現値のパタンごとに合計を計算した結果はこうなる。

X_1	X_2	$X_1 + X_2$
0	0	0
1	0	1
0	1	1
1	1	2

実現値の組み合わせは4個だけど、合計の数値は 0, 1, 2 の3パタンに減っている点に注意してね。次に、合成してつくった確率変数 $X_1 + X_2$ の確率分布を考えよう。言い換えれば、$X_1 + X_2$ をひとかたまりで1個の確率変数と見なして、実現値と確率の対応を考える。つまり《確率変数を足す》とは、足した結果できあがる新しい確率変数の分布を特定する、ということに他ならない。

	$X_1 + X_2$		
実現値	0	1	2
確率	?	?	?

確率変数 $X_1 + X_2$ の実現値が 0, 1, 2 の3種類であることはわかっている。では、それぞれの値が実現する確率をどう定義すればいいか？

合計が0になる場合を考えてみよう。合計が0になるパタンは1種類しかなく、そのパタンが実現する確率は $X_1 = 0$ かつ $X_2 = 0$ となる確率 $P(X_1 = 0, X_2 = 0)$ に等しい。

ここで、X_1 と X_2 が独立である、つまり

$$P(X_1 = 0, X_2 = 0) = P(X_1 = 0)P(X_2 = 0)$$

という仮定を使う。直感的に言えば、男性2は、男性1の判断とは無関連に

2.5 独立な確率変数の足し算

君を好きになるかどうかを決める、という意味だよ。

このとき、

$$P(X_1 + X_2 = 0) = P(X_1 = 0, X_2 = 0) = P(X_1 = 0)P(X_2 = 0)$$
$$= \frac{1}{2} \times \frac{1}{2} = \frac{1}{4}$$

となる。つまり

$$P(X_1 + X_2 = 0) = \frac{1}{4}$$

だ。同じように考えると、合計が 2 になる場合の確率は、

$$P(X_1 + X_2 = 2) = P(X_1 = 1, X_2 = 1) = P(X_1 = 1)P(X_2 = 1)$$
$$= \frac{1}{2} \times \frac{1}{2} = \frac{1}{4}$$

となることがわかる。

次に、合計が 1 になる確率 $P(X_1 + X_2 = 1)$ を考えてみよう。

X_1 と X_2 の合計が 1 になるパタンは 2 つあった。

- $X_1 = 1$ かつ $X_2 = 0$ の場合
- $X_1 = 0$ かつ $X_2 = 1$ の場合

このどちらも合計は 1 になる。この 2 つは同時に起こらないできごとだ。このようなできごとを《排反事象》という。《排反事象》の確率は、それぞれの確率を足せばいい。

$$P(X_1 + X_2 = 1) = P(X_1 = 1, X_2 = 0) + P(X_1 = 0, X_2 = 1)$$
$$= P(X_1 = 1)P(X_2 = 0) + P(X_1 = 0)P(X_2 = 1)$$
$$= \frac{1}{4} + \frac{1}{4} = \frac{1}{2}$$

となる。これが $P(X_1 + X_2 = 1)$ の確率だ。以上をまとめると、$X_1 + X_2$ の確率分布は、

実現値	$X_1 + X_2$		
	0	1	2
確率	$\frac{1}{4}$	$\frac{1}{2}$	$\frac{1}{4}$

となる。これは、$X = X_1 + X_2$ と定義した場合の X の確率分布

実現値	X 0	1	2
確率	$\frac{1}{4}$	$\frac{1}{2}$	$\frac{1}{4}$

と等しい。

「$X_1 + X_2$ の確率関数のグラフを確認しておこう」

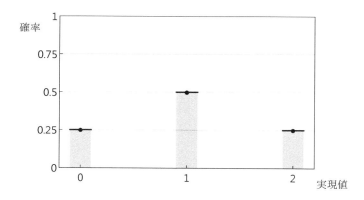

「この例が示しているように、

《確率変数 X_1 と X_2 を足して 1 つの確率変数 $X_1 + X_2$ をつくる》

とは、

《新たにつくった確率変数 $X_1 + X_2$ の分布を、X_1 と X_2 の情報を利用して特定する》

ことなんだ」

「なるほどー。2 つの確率変数を足すと、別の新しい 1 つの確率変数になるのかー」

「グラフを比較するとわかるとおり、X_1 や X_2 の確率関数はバーの高さがそろっていたけど、$X_1 + X_2$ の確率関数は真ん中の実現値の確率が高い山の

形になっていた。では、ベルヌーイ分布にしたがう確率変数 X_1, X_2, X_3 を 3 個足した場合、$X_1 + X_2 + X_3$ の確率関数はどんな形になるかわかる？」

「よーし、続きは私がやってみる」青葉が計算用紙を机の上に広げた。

$X_1 + X_2 + X_3$ は、自分を好きになる男性の人数に等しい。これを一つの記号でまとめて書くと、

$$X = X_1 + X_2 + X_3$$

になる。だから、結局知りたいのは、この X が $0, 1, 2, 3$ になるそれぞれの確率、つまり

$$P(X = 0) = ?$$
$$P(X = 1) = ?$$
$$P(X = 2) = ?$$
$$P(X = 3) = ?$$

ということ。

で……。

ここから、確率をどうやって計算するのかな……。

とりあえず、さっき花京院くんが見せてくれた計算を真似してみよう。

0 人や 3 人になるパタンは 1 つだから、

$$\begin{aligned} P(X_1 + X_2 + X_3 = 0) &= P(X_1 = 0, X_2 = 0, X_3 = 0) \\ &= P(X_1 = 0) P(X_2 = 0) P(X_3 = 0) \\ &= \frac{1}{2} \times \frac{1}{2} \times \frac{1}{2} = \frac{1}{8} \\ P(X_1 + X_2 + X_3 = 3) &= P(X_1 = 1, X_2 = 1, X_3 = 1) \\ &= P(X_1 = 1) P(X_2 = 1) P(X_3 = 1) \\ &= \frac{1}{2} \times \frac{1}{2} \times \frac{1}{2} = \frac{1}{8}. \end{aligned}$$

こうなるはずだね……、よし。これはまあ、パタンが 1 つしかないから簡単だね。

次に、合計が 1 になるパタンは 3 つあったから、

- $X_1 = 1$ かつ $X_2 = 0$ かつ $X_3 = 0$ の場合

- $X_1 = 0$ かつ $X_2 = 1$ かつ $X_3 = 0$ の場合
- $X_1 = 0$ かつ $X_2 = 0$ かつ $X_3 = 1$ の場合

このパタンは全部合計が 1 になる。この 3 つは同時に起こらないできごとだね。たしか《排反事象》って言うんだっけ。なので、3 つの確率を足して

$$\begin{aligned}P(X_1 + X_2 + X_3 = 1) &= P(X_1 = 1, X_2 = 0, X_3 = 0) \\ &\quad + P(X_1 = 0, X_2 = 1, X_3 = 0) \\ &\quad + P(X_1 = 0, X_2 = 0, X_3 = 1) \\ &= P(X_1 = 1)P(X_2 = 0)P(X_3 = 0) \\ &\quad + P(X_1 = 0)P(X_2 = 1)P(X_3 = 0) \\ &\quad + P(X_1 = 0)P(X_2 = 0)P(X_3 = 1) \\ &= \frac{1}{8} + \frac{1}{8} + \frac{1}{8} = \frac{3}{8}\end{aligned}$$

となる。途中で確率変数の独立性を使ったよ。これが $P(X_1 + X_2 + X_3 = 1)$ の確率だ。よっしゃー。残りは $P(X_1 + X_2 + X_3 = 2)$ の確率だね。なんかわかってきたよ。

$$\begin{aligned}P(X_1 + X_2 + X_3 = 2) &= P(X_1 = 1, X_2 = 1, X_3 = 0) \\ &\quad + P(X_1 = 0, X_2 = 1, X_3 = 1) \\ &\quad + P(X_1 = 1, X_2 = 0, X_3 = 1) \\ &= P(X_1 = 1)P(X_2 = 1)P(X_3 = 0) \\ &\quad + P(X_1 = 0)P(X_2 = 1)P(X_3 = 1) \\ &\quad + P(X_1 = 1)P(X_2 = 0)P(X_3 = 1) \\ &= \frac{1}{8} + \frac{1}{8} + \frac{1}{8} = \frac{3}{8}\end{aligned}$$

全部の結果をまとめると、

実現値	$X_1 + X_2 + X_3$			
	0	1	2	3
確率	$\frac{1}{8}$	$\frac{3}{8}$	$\frac{3}{8}$	$\frac{1}{8}$

だね。

青葉は、ここまでの考えをまとめた結果を花京院に見せた。

「いい感じだね。じゃあ、$X_1 + X_2 + X_3$ の確率関数のグラフを描いてみて」花京院は満足げにうなずくと、新しい紙を青葉に渡した。青葉は計算結果をもとにグラフをつくった。

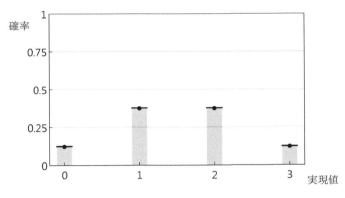

$X_1 + X_2 + X_3$ の確率関数

「ベルヌーイ分布を3つ足してつくった確率変数の確率関数は、山の形になったよ」

単純とはいえ、自分で新しく確率変数を《つくった》ことに、青葉は少し感動していた。

それは彼女にとって初めての、新しい数学的対象をつくる経験だった。

計算は単純だったが、新鮮な体験だった。

(そうか……。こんなふうに、自分で意味を自由に考えて、例をつくってもよかったんだ。こうやって考えたこと、いままでになかったな……)

2.6 樹形図で考える

「ここまで考えてきたアイデアを確認しながら、別のイメージで表現してみよう」花京院はホワイトボードに図を描いた。

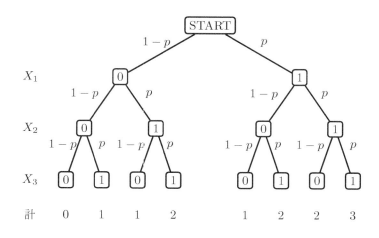

$n = 3$ の場合の樹形図

「この図を確率モデルの樹形図という。☐ の中は確率変数の実現値を、☐ をつなぐ線は、次の実現値への分かれ道を表している。線の横に書いた $p, 1-p$ は、実現値の確率を表している」

「ふむふむ」青葉はボードに描かれた樹形図を注意深く観察した。

「X_1, X_2, X_3 はそれぞれ《0》か《1》の値をとるから、2通りに分岐していく。分岐する確率は常に《$1-p$》と《p》だよ。スタートから出発して、どの道をとおってもいいから一番下までたどってみて」

花京院にうながされて、青葉は樹形図上の道をたどった。それは $0 \to 0 \to 0$ という道だった。

「いま君がたどった道の横に書いてある確率を全部かけると、そこに到達する確率になる。つまり $X_1 = 0, X_2 = 0, X_3 = 0$ になる確率は $(1-p)(1-p)(1-p)$ なんだよ」

「へえー、簡単じゃん。便利だね」

「《計》の行は、たどった道にある数字の合計だ。たとえば、いまたどった

合計が 0 になるルートに注目してみよう」

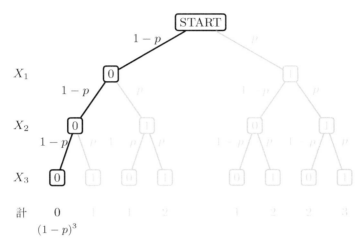

合計が 0 になるパタン

合計が 0 になるルートはひとつしかない。0 の下に書いた確率 $(1-p)^3$ は、
$$《X_1 = 0》→《X_2 = 0》→《X_3 = 0》$$
というルートで、合計が 0 になる確率を示している。言い換えれば、
$$P(X_1 = 0) = 1-p, \quad P(X_2 = 0) = 1-p, \quad P(X_3 = 0) = 1-p$$
だから、独立性によって
$$(1-p) \times (1-p) \times (1-p) = (1-p)^3$$
となる。

次に、合計が 1 になるルートを見てみよう。

第 2 章 ● 卒業までに彼氏ができる確率

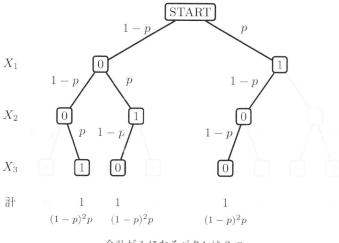

合計が 1 になるパタンは 3 つ

合計 1 になるパタンは 3 つあるから、それぞれの確率を計算しよう。

$0 \to 0 \to 1$ をたどる確率は $(1-p) \times (1-p) \times p = (1-p)^2 p$
$0 \to 1 \to 0$ をたどる確率は $(1-p) \times p \times (1-p) = (1-p)^2 p$
$1 \to 0 \to 0$ をたどる確率は $p \times (1-p) \times (1-p) = (1-p)^2 p$

この 3 パタンは相互に排反だ。よって合計が 1 になる確率は、これらの和だから

$$P(X_1 + X_2 + X_3 = 1) = (1-p)^2 p + (1-p)^2 p + (1-p)^2 p$$
$$= 3(1-p)^2 p$$

となる。

同様に、樹形図より合計 2 となるパタンは 3 つあるから、

$$P(X_1 + X_2 + X_3 = 2) = (1-p)p^2 + (1-p)p^2 + (1-p)p^2$$
$$= 3(1-p)p^2$$

だ。ここまでの話をまとめるとこうなる。

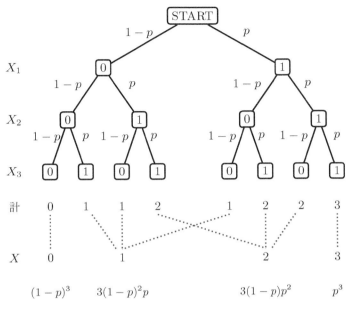

$n = 3$ の場合の樹形図と確率のまとめ

「表の形でも書いておこう」

3 人の試行の例。各男性が確率 p で好きになる場合

事象	0 人に好かれる	1 人に好かれる	2 人に好かれる	3 人に好かれる
実現値	$X = 0$	$X = 1$	$X = 2$	$X = 3$
確率	$(1-p)^3$	$3(1-p)^2 p$	$3(1-p)p^2$	p^3

「なるほどー」

2.7　n 人の場合とコンビネーション

「さてと、それじゃあ 3 人の場合で考えてきた《出会いのモデル》を、n 人の場合について一般化してみよう」花京院は、あらためて問題を計算用紙に書いた。

「さっきも言ったけど、《問題》を頭の中で考えているだけだと、ゴチャゴチャして時間を無駄にするだけだから、ときどき紙に書き下すんだよ。そうすると、考えるべき問題がクリアになる」

Q: n 人の異性と出会い、各異性が確率 p で自分を独立に好きになる。このとき、自分が x 人の異性から好かれる確率はいくらか？

「人数を n 人に一般化するためには、《n 個の確率変数の独立》という概念を定義しないといけない。

まず、$X_1, X_2, \ldots, X_n$ は、添え字が違うだけで、すべて同じ確率変数と仮定する。$X_k = 1$ なら k 番目の男性が君を《好きになる》という意味だよ。確率変数 X_k の実現値は 0 か 1 なんだけど、これを記号 x_k で表すことにしよう。大文字で書いた X_k は確率変数で、小文字で書いた x_k は実現値の 0 か 1 だよ」

定義 2.2 (n 個の確率変数の独立)
確率変数 $X_1, X_2, \ldots, X_n$ が独立であるとは、任意の実現値 $x_k (k = 1, 2, \ldots, n)$ について、

$$P(X_1 = x_1, X_2 = x_2, \ldots, X_n = x_n) \\ = P(X_1 = x_1) P(X_2 = x_2) \cdots P(X_n = x_n)$$

が成立することをいう。

「うーん、難しい定義だなあ。《任意の》って言われるとわかんなくなるんだよなあ」

「《任意の》は、言い換えると《すべての》っていう意味だよ。ようするに、n 個の確率変数の実現値の組み合わせがどんなものであれ、その同時確率が、確率変数 1 個ずつの確率の積で書けるという意味だよ。例として極端なケースを考えてみよう。たとえば《n 人と出会って、誰からも好かれない確率》を計算してみる。n 個の確率変数が独立であると仮定すれば、

$$\begin{aligned} & P(X_1 = 0, X_2 = 0, \ldots, X_n = 0) \\ &= P(X_1 = 0) P(X_2 = 0) \cdots P(X_n = 0) \\ &= \underbrace{(1-p)}_{\text{1 に好かれない確率}} \times \underbrace{(1-p)}_{\text{2 に好かれない確率}} \times \cdots \times \underbrace{(1-p)}_{\text{n に好かれない確率}} \\ &= (1-p)^n. \end{aligned}$$

つまり、《誰からも好かれない確率》は $(1-p)^n$ だ。1 段目から 2 段目に変形するときに、確率変数の独立性の仮定を使ったよ。

さらに具体的に、$n = 50, p = 0.05$ という条件で計算してみよう。

$$(1-p)^n = (1-0.05)^{50} = 0.95^{50} \approx 0.076945.$$

だいたい 8% くらいかな。この ≈ っていう記号は《ほぼ等しい》っていう意味だよ」

「8% かあ。誰からも好かれない確率って意外と高いんだなー。なんだか不安になってきた……」青葉の表情が少し曇った。

「それなら逆に考えるといい。《誰からも好かれない》の余事象は《1人以上から好かれる》だから、8% の確率で《誰からも好かれない》ってことは、92% の確率で《1人以上から好かれる》ってことだよ[*3]」

「へえー、そうなんだ。ちょっと希望が出てきた」

「次に必要なのは、コンビネーションの考え方だ。高校で習ったと思うんだけど」

「えーっと、たとえば 1 から 5 までの数字の中から、2 つの数字を選ぶ《選び方》が何通りあるか? を計算する式だよね。うーん、…… 式は忘れちゃったな」

花京院は、ホワイトボードに式を書いた。

---

n 個の中から x 個を取り出す組み合わせの総数は、

$$_nC_x = \frac{n!}{x!(n-x)!} \quad \text{あるいは} \quad \binom{n}{x} = \frac{n!}{x!(n-x)!}$$

だよ。僕は $_nC_x$ という記号で習ったけど、$\binom{n}{x}$ という表現を使ったテキストもよく見るよ。もちろん、意味は同じだよ。

「この $_nC_x$ っていう記号、読み方がわからない……」

「特に決まってないみたいだよ。英語だと n choose x って読んだりするみたい。僕は《エヌ・シー・エックス》って読む派」

「へー。決まってないんだ」

「読み方より計算方法が重要だからね。じゃあ確認してみよう。$\{1, 2, 3\}$

[*3] 「事象 A」に対して「A ではない事象」を A の余事象といい、記号 A^c で表します。このとき $P(A) = p$ ならば $P(A^c) = 1 - p$ が成立します。この定理の証明は小針 (1973:15) を参照してください

の中から数字を1つ取り出すパタンの総数は？」花京院が計算用紙を差し出した。青葉は紙を受け取ると、考えはじめた。

「えっと、3つの中から1個を選ぶから、$n=3, x=1$ を代入すればいいんだね。

$$_nC_x = {_3C_1} = \frac{3!}{1!(3-1)!}$$

こうかな。このビックリマークの計算は……、ん？

《!》は階乗って読むんだっけ？ なによ。いま読み方はどうでもいいって言ったじゃん。とにかく数を1ずつ減らしながら、かければいいんでしょ？

$$\frac{3!}{1!(3-1)!} = \frac{3 \times 2 \times 1}{1 \times 2 \times 1} = 3$$

こうかな？」

「OK。あってるよ」花京院は青葉の計算結果を確認すると、n 人の場合の確率の計算を続けた。

確率変数 X を

$$X = X_1 + X_2 + \cdots + X_n$$

とおけば、X は、n 人のうち君を好きになる人の数を表している。

たとえば、n 人のうち、3人が君を好きになる確率 $P(X=3)$ を計算しよう。もし男性1番から3番までが君を好きになり、残りは好きにならなかったとしたら、その確率は、

$$\underbrace{ppp}_{3人}\underbrace{(1-p)(1-p)\cdots(1-p)}_{n-3人}$$
$$= p^3(1-p)^{n-3}$$

となる。

ところで、3人が君を好きになるパタンは、最初の3人だけが好きになる場合の他にもたくさんある。その総数は n 人から3人を取り出す選び方だけあるから、全部で

$$_nC_3 個$$

ある。だから確率 $p^3(1-p)^{n-3}$ を ${}_nC_3$ 個 足しあわせた数が確率 $P(X=3)$ となる。ゆえに
$$P(X=3) = {}_nC_3 p^3 (1-p)^{n-3}.$$

では、一般に n 人中 x 人が君を好きになる確率は？

「じゃあやってみる」青葉は新しい計算用紙を取り出した。

青葉は、$n=3$ のとき、樹形図を見ながらどういう方法で確率を計算したのかを思い出した。

「$P(X=x)$ を計算する場合は、最初の x 人が自分を好きになる確率を計算して、全部のパタン数だけ足しあわせるんだよね。最初の x 人が自分を好きになる確率は、

$$\underbrace{pp\cdots p}_{x\text{ 人}}\underbrace{(1-p)(1-p)\cdots(1-p)}_{n-x\text{ 人}} = p^x(1-p)^{n-x}.$$

次に、n 人から x 人取り出すパタンの総数は、

$$_nC_x$$

個ある。だから、

$$P(X=x) = {}_nC_x p^x (1-p)^{n-x}$$

だ！」

x 人の場合の確率を予想した瞬間、彼女の頭の中でなにかがびりっと震えた。

2.8 2項分布の確率関数

青葉の予想を受けて、花京院が続けた。

「ここまでの結果をまとめておこう。確率変数 $X_1, X_2, \ldots, X_n$ が、1 から n までの各異性が自分を好きになるかどうかを表している。その合計を、

$$X = X_1 + X_2 + \cdots + X_n$$

と定義すれば、確率変数 X は《n 人のうち自分を好きになる人の数》を表している」

ここまでの考察によって、《$X = x$ となる確率》すなわち《n 人と出会い、x 人から好かれる確率》は、

$$P(X = x) = {}_nC_x p^x (1-p)^{n-x}$$

であることがわかった。この関数は、確率変数の実現値を確率に対応させる関数になっている。これを《確率関数》と呼ぶのだった。

確率関数は《確率変数の実現値》と、その《確率》の対応を定める。特に確率関数 ${}_nC_x p^x (1-p)^{n-x}$ によって定義される確率変数がしたがう分布を2項分布という。

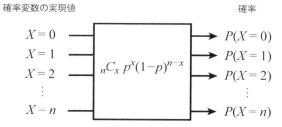

確率変数 X の実現値は《自分を好きになる人の数》だから、$0, 1, 2, \ldots, n$ 人の $(n+1)$ 通りもある。しかしそれぞれが実現する確率は、たった一つの式

$$_nC_x p^x (1-p)^{n-x}$$

で表せる。

「この確率関数を使えば、在学中に君に彼氏ができるおおよその確率を計算できる。さっそくやってみよう。君は1年間に何人くらいの男の子と出会う?」花京院は楽しそうに続けた。

「うーんと、学校とバイト先あわせて50人くらいかな」

青葉の回答を受けて、花京院が計算を続けた。

「いま大学 2 年生だから、卒業まで 3 年間として、$n = 150$ で考えてみよう。p の値はとりあえず $p = 0.05$ くらいでいいかな。この条件で、卒業までに 1 人以上に好かれる確率は……

$$P(X \geq 1) = 1 - P(X = 0) = 1 - 0.95^{150} \approx 0.9995$$

だ。記号 $P(X \geq 1)$ は、X が 1 以上になる確率だよ。ちなみに $\geq$ は $\geqq$ と同じ意味だからね。よかったじゃん。この条件だと、卒業までに君に彼氏ができる確率はほぼ 100% だよ」

「おー、ちょっと安心したよ。…… って、ちょっと待って」青葉は表情を曇らせた。

「これって、相手がどんな人かは考慮していないんだよね？」

「そうだよ」

「だったら、全然好みじゃない人に好かれる可能性だってあるんだよね」

「そりゃあ、そうだろうね」花京院は当然のように答えた。

「それじゃダメだよ」

「ダメなの？」

「全然ダメだよー。花京院くん、わかってないなー」

青葉は計算の結果を見直しながら、ほおづえをついた。

「理想のタイプに出会えるかどうかは別のモデルで計算できるよ。また今度一緒に考えよう」花京院は涼しい顔で答えた。

「今回考えた出会いのモデルの仮定はこうだよ」

- n 人の異性と出会う
- 各異性は独立に確率 p で君を好きになる

「モデルってどんなものか、わかった？」花京院が聞いた。

「うん、自分に直接関係する現象だったから、すごくイメージわいたよ。ところで花京院くんは……」

「？」

「いや、なんでもない」

花京院くんは彼女いるの？ と聞きかけて、青葉は質問するのをやめた。なんとなく、答えを聞くのが怖かったからだ。

まとめ

- 個人 i が自分を好きになるかどうかを、ベルヌーイ分布にしたがう確率変数 X_i で表すと、その和 $X = X_1 + X_2 + \cdots + X_n$ は《n 人中の何人が自分を好きになるか》を表す
- ベルヌーイ分布 X_i の和 $X = X_1 + X_2 + \cdots + X_n$ は 2 項分布にしたがう
- コンビネーションを使うと、n 人のうち x 人が自分を好きになる組み合わせの総数を計算できる
- 組合わせの総数がわかれば、n 人のうち x 人が自分を好きになる確率を計算できる
- 確率関数は、確率変数の実現値とその確率を対応づける
- 応用例：個人 i が行動 A をとるかどうかをベルヌーイ分布で表す。n 人の行為が独立ならば、n 人中行動 A をとった人数が x である確率は、2 項分布の確率関数 $P(X = x) = {}_nC_x p^x (1-p)^{n-x}$ で計算できる

第3章

内定をもらう方法

第 3 章
内定をもらう方法

■ 3.1 就職活動

　研究室の椅子に座った青葉は、ひとりお茶を飲みながら休憩していた。少し疲れた様子で、窓から外の景色をぼうっと眺めている。
　「あれ、スーツなんか着てどうしたの？」遅れて研究室にやってきた花京院が声をかけた。青葉は机の上に散乱している企業の配付資料を指さした。
　「見てのとおり就職活動だよ。今日は説明会に出ていたんだ」着慣れないスーツを身につけていると、それだけで呼吸が苦しい気がする。
　「就職活動か……、たいへんだね」他人ごとのように花京院が言った。彼が就職セミナーに参加したり、エントリーシートを書いている姿をまだ見たことがない。
　「花京院くんも、そろそろ始めたほうがいいよ、けっこうたいへんなんだから」そう言いながらも青葉は、大学卒業後に働く自分をうまく想像できなかった。その姿は、テレビで目にする再現ドラマのように現実感に乏しかった。彼女はまだ、志望する業界すらはっきりと決めていない。
　「最近は新卒でもなかなか就職が厳しいって話だし。ちゃんと内定もらえるのかな……」青葉は不安そうにつぶやいた。
　「気になるなら、計算してみたら？」机の上の会社案内を片付けながら花京院が言った。
　「え？ そんなこと計算できるの？」
　「2 項分布を使えば、大まかな近似計算はできる」
　「2 項分布って、出会いのモデルで使ったやつでしょ？ 就職活動に使っていいの？」

「好きに使っていいんだよ。使い方が決まってるわけじゃない」彼はホワイトボードを机の横に設置すると、誰かが書き残したメモをイレイサーで消した。

「どうやるの？」

「パラメータの解釈を変えるだけでいい。自分が訪問する会社数を n、ある一つの会社から内定をもらえる確率を p とおく。p はすべての会社で等しく、各会社は独立に、学生を採用するかどうかを判定していると仮定する」

たとえば 1 社あたり、0.05 の確率で内定が出るという条件のもとで、100 社の入社試験を受けたと仮定しよう。

確率変数 X を《n 社を訪問して獲得した内定の総数》と定義する。ある 1 つの会社が内定を出す確率が 0.05 だから、出さない確率は 0.95 だ。つまり 100 社すべてが内定を出さない確率は、

$$P(X=0) = \underbrace{0.95 \times 0.95 \times \cdots \times 0.95}_{100\,\text{社}}$$
$$= 0.95^{100} \approx 0.00592053$$

となる。ここから先 $P(X \geq 1)$ という表現を使う。意味は、X が 1 以上になる確率、つまり 1 社以上から内定が出る確率だよ。

$$1\,\text{社以上から内定が出る確率}\ P(X \geq 1)$$

は、

$$100\,\text{社すべてから内定が出ない確率}\ P(X = 0)$$

を 1 から引けばよい。つまり

$$P(X \geq 1) = 1 - P(X = 0) = 1 - 0.95^{100} \approx 0.99408$$

だ。

ちなみに、50 社しか会社訪問しなかった場合、50 社すべてから内定が出ない確率は

$$P(X = 0) = 0.95^{50} \approx 0.076945$$

だから、50 社訪問して 1 社以上から内定が出る確率は、

$$P(X \geq 1) = 1 - 0.95^{50} \approx 0.923055$$

だ。さらに、手を抜いて 10 社しか訪問しなかった場合、

$$P(X \geq 1) = 1 - 0.95^{10} \approx 0.401263$$

となる。90% 程度の安心がほしければ、45 社は訪問しないといけないね。

「なるほどー」

「内定をたくさんもらったところで、最終的に就職するのは必ず 1 社だ。だから、なるべく多くの会社を訪問して、複数の内定をもらい、最も望ましい会社に就職するのが最適な戦略といえる。業種や職種によるマッチングの相性とか、1 社あたりの内定確率の推定については、今度また考えてみよう」

花京院は、楽しそうに書き散らかした計算用紙のメモを眺めている。

「《男女の出会い》と《就職活動》って、全然違う行動なのに、同じ確率変数で表現できるんだね」青葉が感心したように言った。

「現象を個人の行為に分解して考えれば、個人の状態は《行為》か《非行為》のどちらかでしかない。それは 0 か 1 の 2 値で表現できる。確率変数で表すならばベルヌーイ分布だ。すると、独立な行為が集積した結果は 2 項分布で表現できる」

「へえ、そんなふうに考えるのか」

「抽象化して本質的な構造を考えれば、異なって見える現象の共通点が見える」

「数学をもっと勉強したら、私にもそういう構造が見えてくるのかな？」

「そうだね。基本的な型を知っていると、いろんな現象にあてはめることができるよ。もっとも、ただあてはめるだけでは、おもしろいモデルはつくれないけどね」

3.2 2 項分布の期待値

「ついでだから、2 項分布の期待値を利用してモデルを分析してみよう。確率変数 X が 2 項分布にしたがうとき、その期待値はパラメータ n, p によって定まる」花京院がホワイトボードに数式を書いた。

「2 項分布の確率関数が

$$P(X = x) = {}_nC_x p^x (1-p)^{n-x}$$

であるとき、その期待値は
$$E[X] = np$$
となる。たとえば $n=50, p=0.05$ なら、期待値は
$$np = 50 \times 0.05 = 2.5$$
だよ」

「えー、どうして？」青葉は不思議そうにホワイトボードを見つめた。

「それをいまから示そう」

> **命題 3.1 (2 項分布の期待値)**
> パラメータ n, p の 2 項分布にしたがう確率変数 X の期待値は
> $$E[X] = np$$
> である

「期待値って確率変数の平均値でしょ？ もうちょっと難しい式じゃなかったっけ？」青葉が不思議そうに聞いた。

「期待値の定義にもとづいて書けば
$$E[X] = \sum_{x=0}^{n} x \cdot P(X=x) = \sum_{x=0}^{n} x \cdot {}_nC_x p^x (1-p)^{n-x}$$
だよ。命題は、この式を計算した結果が np になると主張している」

「${}_nC_x$ とかは、どこいっちゃったの？」

「それを示すために、次の期待値の性質を利用する」

確率変数に
$$X = X_1 + X_2 + \cdots + X_n$$
という関係があるとき、X の期待値 $E[X]$ は
$$E[X] = E[X_1] + E[X_2] + \cdots + E[X_n]$$
という和に分解できる。

「確率変数の和の期待値は、個々の期待値の和と同じってことだね」青葉が内容を確認した。

「そのとおり。証明は後回しにして、いまは期待値の和が分解できることを認めよう。さて、企業 i が確率 p で君に内定を出し（$X_i = 1$）、確率 $1 - p$ で内定を出さない（$X_i = 0$）と仮定する。つまり確率変数 X_i を

$$X_i = \begin{cases} 1, & \text{内定が出たとき} \\ 0, & \text{内定が出ないとき} \end{cases}$$

と定義する。n 社を訪問した結果、内定数の合計 X は

$$X = X_1 + X_2 + \cdots + X_n$$

で表される。ところで、企業 i について X_i の期待値は、

$$E[X_i] = 0 \times (1 - p) + 1 \times p = p$$

となる。各企業の期待値はすべて等しく p である。よって、和の期待値を分解すれば

$$\begin{aligned} E[X] &= E[X_1 + X_2 + \cdots + X_n] \\ &= E[X_1] + E[X_2] + \cdots + E[X_n] \\ &= \underbrace{p + p + \cdots + p}_{n \text{ 個}} \\ &= np \end{aligned}$$

というわけ」

「おー、なるほど」青葉はすっきりとした結果に満足した。

3.3　確率変数の和の期待値

「では、先ほど証明なしに認めることにした、確率変数の和の期待値の性質を示そう。まず 2 つの確率変数を X, Y とおく。この 2 つが、ある値の組み合わせで実現する確率を同時確率分布という」

3.3 確率変数の和の期待値

同時確率分布の例

		Y		
		0	1	合計
	0	0.1	0.2	0.3
X	1	0.2	0.1	0.3
	2	0.3	0.1	0.4
	合計	0.6	0.4	1

X の実現値が $\{0,1,2\}$ で、Y の実現値が $\{0,1\}$ だよ。この表は、2 つの確率変数が、ある実現値の組み合わせで生じる確率を定義している。たとえば $(X,Y) = (0,0)$ となる確率は 0.1 で、$(X,Y) = (2,0)$ となる確率は 0.3 だよ。2 つの実現値が定まったときの確率を関数 $f(x,y)$ で表すと、

$$f(0,0) = 0.1, \quad f(2,0) = 0.3$$

だ。この関数 f を確率変数 X と Y の同時確率関数という。それぞれの実現値が x, y のとき、同時確率関数は $f(x,y)$ だよ。$X = x$ であり $Y = y$ である確率は

$$P(X = x, Y = y) = f(x,y)$$

により定まる。

2 つの確率変数 X, Y の和の期待値 $E[X + Y]$ は、この同時確率関数を使って、

$$E[X+Y] = \sum_x \sum_y (x+y) P(X=x, Y=y) = \sum_x \sum_y (x+y) f(x,y)$$

と定義される。ここで

$$\sum_x$$

は、X の実現値 x をすべて足し合わせる、という意味だよ（y についても同様）。

同時確率関数 $f(x,y)$ を X の実現値 x に関してすべて足し合わせると、x に関する項は消えて、y だけの関数 $f(y)$ が出てくる。この $f(y)$ を Y の周辺確率分布という。このことを記号で表すと、

$$\sum_x f(x,y) = f(y).$$

周辺確率分布 $f(y)$ は確率変数 Y の単独の確率分布だよ。

同様に、同時確率関数を Y の実現値 y に関してすべて足し合わせると、y の値に具体的な数値が代入されて、計算結果は未知数 x だけを含む関数になる。

$$\sum_y f(x, y) = f(x).$$

この $f(x)$ を、X の周辺確率分布という。これは確率変数 X の単独の確率分布だよ。この記法を使って和の期待値を計算すると、

$$
\begin{aligned}
E[X + Y] &= \sum_x \sum_y (x + y) f(x, y) & &\text{定義} \\
&= \sum_x \sum_y (x \cdot f(x, y) + y \cdot f(x, y)) & &\text{括弧を開く} \\
&= \sum_x \left(\sum_y x \cdot f(x, y) + \sum_y y \cdot f(x, y) \right) & &y \text{ の和を分ける} \\
&= \sum_x \left(x \sum_y f(x, y) + \sum_y y \cdot f(x, y) \right) & &x \text{ を } \sum_y \text{ の外に出す} \\
&= \sum_x \left(x f(x) + \sum_y y \cdot f(x, y) \right) & &x \text{ の周辺分布を計算} \\
&= \sum_x x f(x) + \sum_x \sum_y y \cdot f(x, y) & &x \text{ の和を分ける} \\
&= E[X] + \sum_y \sum_x y \cdot f(x, y) & &\text{和の順番を入れ替える} \\
&= E[X] + \sum_y y \sum_x f(x, y) & &y \text{ を } \sum_x \text{ の外に出す} \\
&= E[X] + \sum_y y \cdot f(y) & &y \text{ の周辺分布を計算} \\
&= E[X] + E[Y].
\end{aligned}
$$

「どう、難しかった？」

「うーん、まあギリギリいけたかな。見た目は難しいけど、足し算とかけ算しか使ってないもんね」

「これを繰り返し適用すれば、さっき証明に使った命題

$$E[X] = E[X_1] + E[X_2] + \cdots + E[X_n]$$

を示すことができる。この証明では、X と Y の具体的な分布や独立性を仮定していないところがポイントだ。だから X と Y がどんな分布でもいいし、独立でなくても、この性質は成立する」

3.4 インプリケーション

「2項分布の期待値がわかったから、さっそくそれを使って、モデルからインプリケーションを導出してみよう」

「インプリケーションって、なんだっけ？」

「モデルから論理的に導き出せる命題のことだよ。どれだけ興味深いインプリケーションを導き出せるかによって、モデルの評価が決まる。数理モデルと現実の世界の間をつなぐ橋と言ってもいい。2項分布は、出会いや就職活動の他にも、さまざまな現象に適応できる。だから見た目は異なる現象でも、そのコアに当たる構造を2項分布として抽出すれば、2項分布について成立する数学的性質は、すべての現象に共通して成立する。たとえば、出会いモデルの場合、平均 np については次のことが言える」

- p が大きいほど、自分を好きになる人の平均人数は、大きくなる
- n が大きいほど、自分を好きになる人の平均人数は、大きくなる

「同じことは就職活動のモデルでも成立する」

- p が大きいほど、内定をくれる企業の平均数は、大きくなる
- n が大きいほど、内定をくれる企業の平均数は、大きくなる

「以上の命題は、出会いや就職活動が2項分布で表現できるという命題から、ただちに言える。こういう命題は《系》と呼ぶことが多いよ。出会いモデルや就職活動の現実的な含意の一つは、より多くの人から好かれるため（内定をもらうため）の基本戦略には、次の2種類がある、ということなんだ」

- p を増やす: 自分の魅力を上昇させて、異性1人から好かれる（企業

1 社から内定をもらえる）確率 p を増加させる
- n を増やす: より多くの人（企業）に出会う

「どちらの方法が簡単だと思う？」花京院が聞いた。

「そうだなあ、確率 p を増加させたいのはやまやまなんだけど、よく考えると難しいかな。でも《多くの人に出会う》は、わりと簡単にできそう」

「確率 p を増加させる方法は、人によって違うし曖昧だけど、より多くの人と出会ったり多くの企業を訪問したりすることは、明確だし簡単だ。数学的には、n と p は同じ確率関数のパラメータだけど、その経験的な意味は全然違う。もっと具体的に示そう」

$n = 10, p = 0.01$ という条件のとき、1 人以上から好かれる確率（1 社以上から内定をもらう確率）は

$$P(X \geq 1) = 1 - (1-p)^n$$
$$= 1 - (1-0.01)^{10}$$
$$\approx 0.0956$$

だ。自分の魅力を上げて $p = 0.05$ まで上昇させると、この確率は

$$P(X \geq 1) = 1 - (1-0.05)^{10}$$
$$\approx 0.40126$$

まで増加する。このとき $p = 0.01$ のままで、出会う人数（企業数）だけを 10 から 52 まで増やすと、1 人以上から好かれる確率 （1 社以上から内定をもらう確率）は

$$P(X \geq 1) = 1 - (1-0.01)^{52}$$
$$\approx 0.40703$$

となり、ほぼ同レベルの確率を達成できる。

「p を増加させる確実な方法を僕は知らない。でも n を増加させる方法なら知っている。つまり p と n とでは現実世界における実行可能性が異なっている。人間行動のモデルにおいて、この違いはとても重要だ」

「なるほど……」

「2 項分布の確率分布自体は、とてもシンプルだ。でも、そのフレームを通してみると、身の回りの風景が以前と違って見える。僕は数理モデルの、そういうところが好きなんだ」花京院はホワイトボードに書いた計算結果を確かめながらつぶやいた。青葉は彼の横顔を眺めながら、自分が見ている世界と彼が見ている世界は全然違うのだろうか、と思った。

3.5 モデルの拡張

「以前、出会いのモデルを考えたとき、n 人の異性が全員同じ確率 p で自分を好きになるっていう仮定が非現実的だという話をしたよね？ 企業についても、採用確率が全部同じという仮定には無理があるから、今日はその仮定を一般化してみよう」

「人にはそれぞれ好みがあるって話ね」

「絵で描くとこんなイメージだ」花京院はホワイトボードに図を描いた。

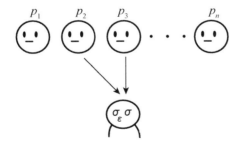

モデルの修正イメージ（p が n 人の間で異なる）

「む、この中心にいる、タコみたいなのが、もしかして私？」

「σ（シグマ）でつくった睫毛がポイントだよ。われながらよく描けたと思う」

「まあいいや、それで？」青葉は唇をタコのように突き出した。

「次に、この p それ自体が確率分布を持つと仮定してみよう……」花京院はイメージ図に、p の分布を書き足した。

第3章 ● 内定をもらう方法

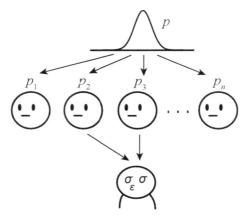

モデルの修正イメージ（p の分布を背後に仮定）

「p_i は，個人 i が自分を好きになるかどうかの確率でしょ？ p そのものが確率分布を持つってどういうこと？」青葉は首をひねった。

「たとえば男性が 3 人いて，君を好きになる確率が $p_1 = 0.1, p_2 = 0.2, p_3 = 0.4$ という具合にバラついていたとする。この確率分布を表で書くと，こうなる」

	p		
実現値	0.1	0.2	0.4
確率	$\frac{1}{3}$	$\frac{1}{3}$	$\frac{1}{3}$

「なるほどー。p を実現値が 0 から 1 の間でおさまっているような確率変数とみなすってことだね」

「こう仮定することで，個人間で p の値がばらつく，つまり《好み》が違うという状態を表現できる。さて，実現値が 0 から 1 の間でおさまる代表的な分布の一つに《ベータ分布》がある。これを使おう」

3.6 ベータ分布とは？

「いま，p の分布として $\{0.1, 0.2, 0.3, \ldots\}$ のようなトビトビの値ではなく，$[0, 1]$ 内の任意の区間について確率が定義できるような分布を考える。この

ような分布を連続分布という。これまでに登場したベルヌーイ分布や 2 項分布は離散分布で、正規分布やベータ分布は連続分布だよ」

花京院は、連続分布の一つであるベータ分布の定義をホワイトボードに書いた。

> **定義 3.1** (ベータ分布)
> パラメータ $a > 0$、$b > 0$ を持つ確率密度関数を
> $$f(x) = \begin{cases} \frac{1}{\mathrm{B}(a,b)} x^{a-1}(1-x)^{b-1}, & 0 \leq x \leq 1 \\ 0, & x < 0 \quad \text{あるいは} \quad 1 < x \end{cases}$$
> と定義する。この確率密度関数を使って定義された分布をベータ分布という。

式だけ書いてもよくわからないだろうから、確率密度関数のグラフを描いておこう。次のグラフは、パラメータを $a = 2, b = 8$ に設定したベータ分布の確率密度関数を $0 \leq x \leq 1$ の範囲で描いたものだよ。

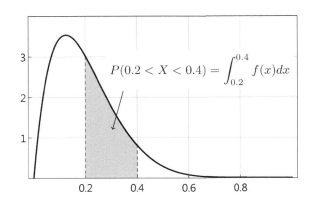

グレーで色づけした部分の面積は、確率密度関数を 0.2 から 0.4 の範囲で積分すると計算できる。この面積はベータ分布にしたがう確率変数 X が $0.2 < X < 0.4$ の範囲で実現する確率、つまり

$$P(0.2 < X < 0.4)$$

と一致している。具体的に書くと、

$$\text{グレー部分の面積} = P(0.2 < X < 0.4) = \int_{0.2}^{0.4} f(x) dx$$
$$= \int_{0.2}^{0.4} \frac{1}{\mathrm{B}(a,b)} x^{a-1}(1-x)^{b-1} dx$$

だよ。確率密度関数を、ある範囲で積分すると確率になるんだ。

確率密度関数の分母の $\mathrm{B}(a,b)$ は、具体的に書くと

$$\mathrm{B}(a,b) = \int_0^1 t^{a-1}(1-t)^{b-1} dt$$

という関数だよ。これをベータ関数という。

「ちょっとなに言ってるかわからない」青葉が目を細めた。

「君がいろんな人と出会うとするでしょ」

「うん」

「高い確率 p で君に好意を持つ人もいれば、低い確率 p で君に好意を持つ人もいる。だから p の値は人によって異なっている。仮に確率 0.2 前後で君を好きになる人が多いとすると、p の分布の確率密度関数はさっき示した図のような形になる。この確率密度関数を使って《君を好きになる確率 p が 0.2 から 0.4 の間にある人の割合》や《0.5 から 0.6 の間にある人の割合》を計算することができる」

「うーん難しいな……。どこからこのベータ分布ってのが出てきたわけ？」

「特にベータ分布じゃないといけない理由はないよ。ただベータ分布を使うと、パラメータ a, b の組み合わせによって、個人の多様性を表現できて便利なんだよ。たとえばこんな感じ」

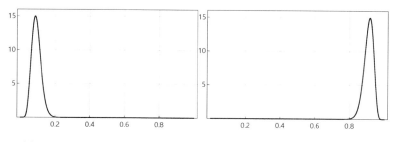

(a) $a=10, b=100$. あまりモテない　　(b) $a=100, b=10$. すごくモテる

「両方ともベータ分布の確率密度関数だけど、左の図は p が 0 に近いほうに偏っている。これは出会った相手の多くが自分を好きにならない状況を表している。だいたい、自分を好きになる確率が 0 から 0.2 くらいまでの間に収まっている」

「ふむふむ。ようするに、あまりモテてないってことね」

「逆に右の図は、p が 1 に近いほうに偏っているから、みんなが自分に惚れやすい」

「おー。絶対右がいいわー。モテモテじゃん」

「p は自分のモテ方を表すパラメータとも解釈できるね。単峰型以外の分布も表現できるよ」

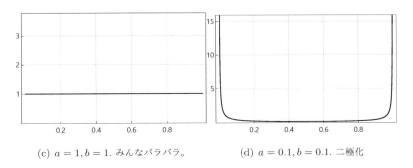

(c) $a=1, b=1$. みんなバラバラ。　　(d) $a=0.1, b=0.1$. 二極化

「へー、おもしろい。横一直線になったり、両端に分かれたりするんだね」

「$a=1, b=1$ の場合は一様分布と呼ばれる確率分布と一致する。この場合は好みがまんべんなく広がっているから、偏りがないと言える。逆に右のパタンだと、p が 0 に近い人と 1 に近い人とではっきりと分かれている。これは個性が強くて好みが分かれるってパタンかな」

「ハマる人はハマるってやつね。分布の定義は難しいけどさ、いろんな解釈ができるのはおもしろいね」

「応用的な関数を使えば、豊かな表現力が手に入ることの一例だよ。さて、次は p の分布を 2 項分布と組み合わせる方法について考えてみよう」

3.7　ベータ2項分布

花京院は計算用紙に式を書き始めた。

好かれる数 X がパラメータ n, p を持つ 2 項分布にしたがい、さらに p がパラメータ a, b を持つベータ分布にしたがうと仮定する。記号でこれを、

$$X \sim \text{Bin}(n, p)$$
$$p \sim \text{Beta}(a, b)$$

と書くことにしよう。Bin は 2 項分布 binomial distribution の略だよ。$f(x \mid p)$ で p をパラメータとする x の確率分布（確率関数）を表すことにする。$f(x \mid p)$ は、p が与えられたときの、x の条件付き確率分布ともいう。条件付き確率分布の定義から[*1]

$$\begin{aligned} f(x \mid p) &= \frac{f(x, p)}{f(p)} & \text{定義より} \\ f(x \mid p) f(p) &= f(x, p) & \text{両辺に } f(p) \text{ をかける} \\ f(x, p) &= f(x \mid p) f(p) & \text{左右入れ替える} \end{aligned}$$

だよ。したがって、x, p の同時確率関数 $f(x, p)$ は

$$f(x, p) = f(x \mid p) f(p) = {}_nC_x p^x (1-p)^{n-x} \cdot \frac{1}{\mathrm{B}(a, b)} p^{a-1} (1-p)^{b-1}$$

となる。

この同時確率関数から、確率変数 X だけの分布を取り出すために、p で積分して $f(x, p)$ から p を消去しよう。つまり X だけの確率関数

$$f(x) = \int f(x, p) \, dp$$

を計算して求めたい。p がとりうる範囲は $[0, 1]$ なので、X の確率関数は次の積分

$$\begin{aligned} f(x) &= \int_0^1 f(x, p) dp \\ &= \int_0^1 {}_nC_x p^x (1-p)^{n-x} \cdot \frac{1}{\mathrm{B}(a, b)} p^{a-1} (1-p)^{b-1} \, dp \end{aligned}$$

[*1] 条件付き確率については 7.4 節を参照してください

で与えられる。$f(x)$ は同時確率分布 $f(x,p)$ の周辺確率分布だよ（3.3 節参照）。これを計算すると

$$f(x) = \frac{1}{\mathrm{B}(a,b)} {}_nC_x \int_0^1 p^x(1-p)^{n-x} p^{a-1}(1-p)^{b-1} \, dp$$

p を含まない項を積分の外にだす

$$= \frac{1}{\mathrm{B}(a,b)} {}_nC_x \int_0^1 p^{x+a-1}(1-p)^{n-x+b-1} \, dp$$

p の指数部をまとめる

$$= {}_nC_x \frac{\mathrm{B}(a+x, b+n-x)}{\mathrm{B}(a,b)}$$

ベータ関数の定義を使う

つまり、パラメータ p がベータ分布 $\mathrm{Beta}(a,b)$ にしたがう場合、n 人と出会って x 人から好かれる確率は、確率関数

$$P(X=x) = {}_nC_x \frac{\mathrm{B}(a+x, b+n-x)}{\mathrm{B}(a,b)}$$

で与えられる。

「この分布は 2 項分布とベータ分布を組み合わせてつくった分布なので、ベータ 2 項分布と呼ばれている」

花京院はペンを置くと、計算結果を満足そうに眺めた。

青葉はすべてを理解できたわけではなかったが、彼が 2 項分布を拡張して新しい確率分布を導き出したことだけはわかった。

「2 項分布の確率関数と似ているけど、後ろの部分がちょっと違うね」

「グラフをつくって確かめてみよう。さっき見せたベータ分布のパラメータと同じパラメータ a,b を使ったベータ 2 項分布の確率関数だよ。出会った人数 n は $n=50$ と仮定した」

「あ、こんな形になるんだ」

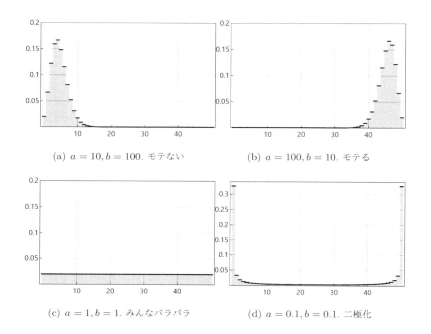

(a) $a=10, b=100$. モテない　　(b) $a=100, b=10$. モテる

(c) $a=1, b=1$. みんなバラバラ　　(d) $a=0.1, b=0.1$. 二極化

「p の分布であるベータ分布と、その p と 2 項分布を組み合わせて導き出したベータ 2 項分布は、分布の形状が似ている。ただしベータ分布は連続分布だけど、ベータ 2 項分布は離散分布だよ。ベータ分布が 2 峰型のとき、ベータ 2 項分布も 2 峰型になるなんて僕も知らなかった。やっぱり計算してみるもんだね」

「え？ 花京院くんも、知らなかったの？」青葉が聞いた

「モデルって、あらかじめ決められたものじゃないんだよ。既存のモデルを拡張してつくったモデルは未知の存在なんだ。だからよく知っているモデルを拡張することで、意外なインプリケーションが出てくることもある。そういうところがおもしろい」

「2 項分布とベータ 2 項分布、どっちが《出会い》や《就職活動》のモデルとして正しいの？」

「難しいけど、それはいい疑問だね。こたえは《正しい》の意味に依存する。経験的にどちらが正しいのかを調べたければ、データをとって、モデルと対応させて予測精度を比較する。確率モデルをサンプルデータから評価する方法については、洗練された理論があるんだ。おもしろいから、いつかま

た説明しよう」

花京院の話はそこで終わった。

青葉は、データを分析するための統計手法については、少しは知識があった。しかし自分のつくったモデルとデータを対応させる方法がどういうものなのか、彼女にはうまく想像できなかった。

青葉は、自分の知らない世界がまだまだあるんだなと思った。

そして自分は、その未知の世界を知る前に大学を卒業することになるのだろう……。

そう考えると、少しだけ名残惜しい気がした。

まとめ

- 2項分布は、さまざまな現象（たとえば就職活動）に適用できる
- 分布の期待値を使って、モデルからインプリケーションを引き出せる
- 2項分布やベルヌーイ分布は離散分布で、正規分布やベータ分布は連続分布である
- 連続分布の場合、確率変数がある範囲で実現する確率は、確率密度関数の積分によって定義される
- ベータ分布の特徴の1つは、確率密度関数を $[0,1]$ の範囲で積分すると1になることである。言い換えれば、実現値の範囲が $[0,1]$ におさまることである。この特徴ゆえに、確率を表す確率変数としてしばしば使われる
- 2項分布モデルを拡張して、個人の多様性を表現することができる。2項分布のパラメータ p がベータ分布にしたがうと仮定した場合、確率変数はベータ2項分布にしたがう

第 4 章

先延ばしをしない方法

第 4 章
先延ばしをしない方法

4.1 次なる課題

　花京院のアドバイスにしたがい、青葉は就職活動に対する考え方をあらためた。それまでの彼女は、面接で不合格になるたびに落ちこんでいた。しかしモデルによって、落ちる確率のほうが大きいことを客観的に理解した結果、どうってことない、と思えるようになった。たったそれだけのことで、少し気が楽になった。

　いちいち自分自身が否定されたと受け取っていたら身が持たない。自分自身を他人として見るように彼女は努めた。その態度は、はじめのうちはストレスに対する自己防衛にすぎなかったが、やがて自分を客観視する能力へと進化していった。その能力自体が、応募者として選考される状況では、有利に働くことを彼女は知った。

　彼女はようやく、人事担当者から見て自分がどんな人間に見えるのかを考えはじめたのである。

　モデルを通して見ると世界が違って見える、という花京院の言葉の一端を、彼女は少し理解できたような気がした。

　n を増やせば、平均内定企業数は増加する。そう信じて、数をこなすことにより、彼女はさらに自分を客観視する力を育んでいった。

　わずかではあるものの、試行数 n が増えれば、1 試行あたりの成功確率 p も増えているような気がしてきた。

　そしてついに……

　青葉は内定を獲得したのである。

　だが……

一山超えると、また次の一山がやってくるのが人生なのだろうか。

就職活動のあいだは極力考えないようにしていた、あの恐るべき存在が、息を潜めて自分の背後に忍び寄ってくる気配を彼女は感じていた。

「ついに、やつがきた……」研究室に入ってきた青葉は、寝不足気味の青い顔でつぶやいた。

「どうしたの？」花京院は、コーヒー豆をミルでひきながら青葉を見る。

「来週、卒業論文の中間報告会があるでしょ」

「うん」花京院は涼しい顔で答えた。どうやら彼はすでに準備ができているらしい。

「なんにも手をつけていない……。ヤバすぎる」

「なんか寝不足っぽいけど、徹夜でもしたの？」

「うん……。徹夜で……してた」

「え？　なんだって？」

「徹夜で、『ハンター×ハンター』36巻分を一気に読み返してた。いまは、めっちゃ後悔してる」

「ほんとに？　あれ理屈っぽいから、読むのけっこう大変だよ」

「止まらなかった」

「この忙しい時期に、なぜそのセレクトを……」花京院はあきれた様子で、コーヒーを入れる作業を続けた。

「締め切りが迫っているときほど、逃避したくなるんだよ」青葉はうなだれた。

「まあ気持ちはわかるよ。僕も締め切りが迫ると、関係ないプログラムを書いたり、証明を考えたりしたくなる」

「それは花京院くんだけだよ。でも今週こそ、気合いで卒論の準備をする」青葉はこぶしをぎゅっと握ると決意を固めた。

花京院はその様子を見て、ふうっとため息をつく。

「そうやって、精神論で乗りきろうとしてもまた失敗するよ。そもそも、どうして先延ばしを自制できないのか、そのメカニズムを理解したうえで、対策をたてないと」

「メカニズム？」

4.2 先延ばしの仕組み

「そもそも、どうして先延ばしをしてしまうのか？ それは現在の自分と未来の自分が理念的存在としては自己同一性を保っているにもかかわらず、われわれが知覚しているのは常に現在の自分であるという、《現在の自分》の特権性に由来する」

「ちょっとなに言ってるかわからない」青葉は片目を細めた。

「卒論を先延ばしすることで、未来の自分が苦しむことを君は知っている。にもかかわらず、現在の自分を優先させてしまう。苦しむことがわかっていながら、その場しのぎの逃避という、現在の心地よさを選択してしまうってこと」花京院は表現を変えて説明した。

「最初からそういうふうに、わかりやすく言ってよ」

「まず直感的な枠組みを示そう。心理学者のピアーズ・スティールは、課題へのモチベーションは次のような式で決まると主張している」

$$モチベーション = \frac{期待 \times 価値}{衝動性 \times 遅れ}$$

「僕なりに、もう少しわかりやすい言葉に言い換えると、こうなる」

$$やる気 = \frac{達成確率 \times 価値}{衝動性 \times 締め切りまでの時間}$$

「そんなややこしい式にしなくたって、先延ばしにしちゃう理由はわかってるよ。ようするに面倒くさいから後回しにしちゃうんだよ」青葉が口をとがらせた。

「いや、この式のように《やる気》をいくつかの要素に分解すると、《やる気》の引き出し方もわかってくるんだ」

「ほんとにー？」青葉は疑惑の目で花京院を見た。

「そもそも卒業論文を書くのが、どうして面倒くさいかわかる？」

「そりゃあ、分量が多いし。何を書いたらいいのかわかんないからだよ」

「つまり、卒論を完成させるという作業が難しいからだ。それは、いま示した式の分子にある達成確率に相当する。うまく書けるかどうか不安だから、主観的な達成確率が低い。だから、やる気もなかなか出ない」

「たしかにそうかな。でも初めて書くんだからしょうがないじゃない」

「たいていの人にとって、卒論は1回限りの初めての体験だ。だからうまく書けるかどうか自信がないのは当然なんだ。課題を達成できるという自信を、自己効力感という。これが足りないとやる気が出にくい」

「自己効力感‥‥‥。たしかに自信はないかも」

「さらに言うと、君は卒論に価値を見いだしていない」花京院が続けた。

「だってしょうがないじゃん。できれば書きたくないんだもん」

「じゃあ、もし卒論を書いたら1000万円もらえるって言われたらどうする？」花京院が聞いた。

「1000万円？ そりゃあ絶対に書くよ。なんなら2本書く」青葉は身を乗り出した。

「誰だって、論文を1本書くだけで1000万円もらえるなら、《やる気》がぐっと増すだろう。つまり、卒論に金銭的なインセンティブという《価値》を付加すると、やる気が出るんだ。これは分子の価値に相当する。課題の価値が大きいほど、やる気も大きい」

「まあ、そりゃそうだけど。いまのは単なるたとえでしょ。実際に卒論に1000万円の価値なんてないじゃない」

「いや。卒論には1000万円くらいの価値がある。1000万円以上の価値があると言ってもいい」花京院は断言した。

「うそだー。そんな価値あるわけないよ。せいぜい無事に卒業できるくらいのメリットしかないよ」

「いやいや、単なる比喩じゃない。君が期限内に卒論を書かないと、1000万円を損する可能性があるんだよ。どういうことか説明しよう」

4.3 卒論の価値

君は卒業後、企業に勤めて給料をもらいはじめる。初年度の年収を300万円とし、年に1回昇給して、最終的な年収が1000万円まで上昇すると仮定する。もし41年働き、昇給機会が40回あったら

$$300\text{万円} + 40 \cdot x = 1000\text{万円} \iff x = 17.5\text{万円}$$

だから、年収は昇給1回あたり17.5万円増加している。よって、年収を昇給機会 t の関数として表せば

$$300\text{万円} + 17.5\text{万円} \times t$$

となる。$t = 40$ まで昇給機会があったとすると、生涯賃金は

$$\sum_{t=0}^{40}(300\,万円 + 17.5\,万円 \times t) = 2\,億\,6650\,万円$$

だ。$t = 0$ のときは $300\,万円 + 17.5\,万円 \times 0 = 300\,万円$ だから、初年度の年収に一致している。

「では、ここで問題。君が卒論を完成できず、卒業が 1 年延びたとしよう。その結果、働き始めるのが 1 年遅れることで、いくら損をするか?」

「ちょっとー。縁起でもないこと言わないでよ。1 年遅れるってことは、最初の 1 年目にもらえたはずの 300 万円を失うってことでしょ。たしか機会コストっていうんだよね[*1]。うーん、卒論書けないと 300 万円も損するのか。けっこうイタイなー」

「短期的に考えれば、君は機会コスト 300 万円を失うことになる。だが長期的に君の人生全体で見ると、機会コストは 1000 万円なんだ」

「え? どうして?」青葉は驚いた。

ポイントは、多くの企業において定年は自然年齢で一律に決まっている点だ。君が働き始めた時期にかかわらず、ある年齢——たとえば 60 才——に達すると、君は会社を辞めなくてはいけない。すると、先ほど計算した生涯賃金は、$t = 0$ から $t = 39$ までの合計となるから、

$$\sum_{t=0}^{39}(300\,万円 + 17.5\,万円 \times t) = 2\,億\,5650\,万円$$

生涯賃金の差は

$$2\,億\,6650\,万円 - 2\,億\,5650\,万円 = 1000\,万円.$$

つまり 1000 万円の差がつく。

もっと簡単に言えば、$t = 40$ のときの年収

$$300\,万円 + 17.5\,万円 \times 40 = 1000\,万円$$

[*1] あるものを得るときに、諦めなければならないものを機会コストといいます

だけもらえないんだ。

───────────

「そっかあ、働きはじめるのが 1 年遅くなると、定年直前にもらえる昇給しきった給料をもらえなくなるから、損が大きくなっちゃうんだ。うーん、相変わらず花京院くんはヘンなこと考えるなー」

「いまの例は、わかりやすくするために金銭的なインセンティブを考えたけど、ちょっと品のないたとえだった。卒業論文の本当の価値は、そんな安っぽいもんじゃないと僕は思う」

「え？ 安っぽい？ そうかなー。1000 万円って大金じゃない」青葉は不思議そうに問い返した。

「僕がさっきあげた例は、卒論を期間内に書けば、早く働くことができるってことでしかない。でも論文を書くことは、単に卒業のためのクレジットを得ることではなくて、初めて知的な成果をアウトプットするってことなんだ」

「知的な成果のアウトプット？ どういうこと？」

「卒業論文とは、僕らが学んできた学問に対して、なんでもいいから新しい貢献を加えるものなんだ。つまり初めて研究するってことなんだよ。そんなことができるのは、卒業までに 1 回限りのことなんだよ？ しかも他の学部だと、卒論のテーマを学生が選べないこともある。でも文学部は、学生が研究したいテーマを自分で決めることができるんだ。これってすごいことなんだよ」花京院は、やや興奮気味に説明した。

「ちょっとなに言ってるかわからない」青葉には花京院の語る価値がいまひとつ理解できなかった。

4.4 サボった後の苦しみ

青葉は、先ほど花京院が示した《やる気》の式を、あらためて見た。

「分母にある《衝動性》と《締め切りまでの時間》なんだけど。これはどういう意味？」彼女は式の一部分を指さした。

$$やる気 = \frac{達成確率 \times 価値}{衝動性 \times 締め切りまでの時間}$$

「衝動性は、いますぐこれをやりたいという欲求の強さだよ。卒論に取り

かからないといけないのに、つい SNS をチェックしたり、ゲームアプリで遊んだり、一度読んだマンガを読み直したりするのは、衝動性が強くて自分をコントロールできないからだ。しかもこの衝動性の影響力と、締め切りまでの時間には関連がある。心理学の知見によると、平均的な人と比較して衝動性が 2 倍強い人は、締め切りまでの期間が半分を切らないと課題に取りかからないそうだ」

「うーん、そうなのかー。怖いなー」

「衝動性によって、ついサボってしまった場合に、未来の自分がどのくらい苦しむことになるのかを、簡単なモデルで確かめてみよう」

「お、出たねーモデル。今回はどういうやつかな」

「まず、ある課題を仕上げるために、トータルで 10 時間必要だと仮定する。たとえば 10 時間くらいで完成するリポートを想像するといい。

このリポートの提出期限は 10 日後で、作業時間はまるまる 10 日間あるとする。すると 1 日あたりの作業時間は

$$\frac{10 \text{時間}}{10 \text{日}} = 1 \text{時間}/\text{日}$$

だ。毎日 1 時間コツコツ作業すれば、この課題を完成させることができる」

「毎日コツコツかー。それができるなら苦労しないよ」

「そう。僕らはたいてい、はじめの数日はサボる。やらなきゃいけないと頭ではわかっていても、ついネットを見たり、読み終えたマンガを読み返してみたり、課題とは関係ない証明に手を出してみたり、新しい言語でアルゴリズムの実装を試してみたり……」

「いや、最後の特殊な行動は花京院くんだけだよ」

「とにかく、はじめのほうサボる。まったくサボらなければ 1 日 1 時間で済んでいたはずなのに、1 日サボると、残り時間は 9 日しかない。すると

$$\frac{10 \text{時間}}{10 \text{日} - 1 \text{日}} \approx 1.11 \text{時間}/\text{日}$$

だから、残り 9 日間の作業時間は、少し増えて 1.11 時間/日になる」

「サボると翌日の作業時間がちょっと増えるんだね。ま、そりゃそうか」

「もし 2 日連続でサボると、残り 8 日で 10 時間作業しないと終わらないから、1 日あたりの作業時間は 10 時間/8 日 = 1.25 時間/日 となる」

「なるほど。でもまあ、0.25 時間しか増えてないじゃん。これならなんとかなるよ」

「一般化してみよう。作業開始日までにサボった日数を t とおけば、完成までの1日あたりの作業時間は

$$\frac{10\,\text{時間}}{10\,\text{日} - t\,\text{日}}$$

で表すことができる。まったくサボらずに1日目に作業を開始した場合から、9日間サボって最後の10日目にやっと作業を開始した場合まで、1日あたりの作業時間をグラフに描いておこう。ただし、作業を始めたら、それ以降はサボらないと仮定するよ」花京院は、計算用紙に図を描いた。

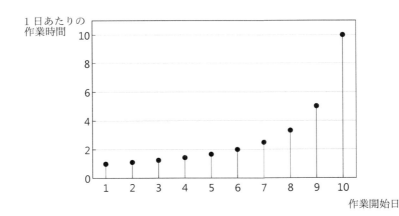

「横軸は作業開始日で、縦軸は1日あたりの作業時間だよ。たとえば初日からサボらずに作業を始めたら、1日1時間の作業で完成する」

「それが理想だよね。絶対無理だけど」

「はじめの5日間サボって《6日目》から始めると、残りは5日。$10/5 = 2$ だから、1日2時間作業しないと完成しない。つまり、締め切りまでの日程を半分サボると、作業時間は倍になる」

「締め切り近くなると、作業時間が急激に増えるね。10日目に始めるとさすがに地獄だよ」青葉はグラフの数値を確認すると、他人ごとのように言った。

「はじめのうちは、サボってもたいした増加量じゃない。3日サボっても1日あたりの増加量は30分に満たない。ところが、そうやって日が経つにつれて、取り返しのつかないレベルまで1日の作業時間が増加する。サボっ

た日数に対する作業時間の増加率は一定ではなくて、サボった日数に比例して、作業時間の増加率も大きくなることが計算からわかる」

「うーん。こうして見ると、はやめにやったほうがいいのはわかるんだけどなー」

4.5 時間割引

「ここからが本題だ。どうして人は、やるべきことがわかっていながら、先延ばしにしてしまうのか？ それは未来の利得や損失を割り引くからだ。たとえば、

$$A: いますぐ1万円もらえる$$
$$B: 1ヶ月後に1万円もらえる$$

の2つから選ぶなら、どっちがいい？」花京院が質問した。

「そりゃあ、Aのほうがいいに決まってるじゃん」青葉は迷いなく答えた。

「君と同様に、多くの人はAを選ぶ。この事実は過去の調査結果からも知られている。このような観察結果は、1ヶ月後の1万円は、現在の1万円よりも価値が低いと多くの人が感じていることを示唆している。つまり、未来に受け取る予定の利得は現在の価値よりも割り引かれている。現在の価値に対する1期先の価値の割合をδ（デルタ）で表し、これを時間割引因子と呼ぶことにしよう $(0 < \delta < 1)$。δは discount の d のギリシア文字だよ。

たとえば、1ヶ月後の価値が現在の価値の90%だとしたら、$\delta = 0.9$だから、1ヶ月後の1万円は

$$\delta \times 1万円 = 0.9 \times 1万円 = 9000円$$

の価値となる。このことは、1ヶ月後にもらえる1万円と、いますぐもらえる9000円の価値が等しいことを意味する。

では次に、

$$A: 1ヶ月後に1万円もらえる$$
$$B: 3ヶ月後に1万円もらえる$$

の2つから選ぶなら、どっちがいい？」

4.5 時間割引

「これも A かな。はやくもらえるほうがうれしいもん」青葉はさっきと同じように迷いなく答えた。

「その選択も多くの調査結果と一致している。つまり人は、遠い未来ほど利得を大きく割り引く傾向をもつ。仮に 1 ヶ月あたりの時間割引因子を $\delta = 0.9$ とおけば、3 ヶ月後の 1 万円の価値はこうなる」

時間	受取額	割引後の価値
現在	1 万円	1 万円
1 ヶ月後	1 万円	0.9×1 万円 $= 9000$ 円
2 ヶ月後	1 万円	$0.9 \times 0.9 \times 1$ 万円 $= 8100$ 円
3 ヶ月後	1 万円	$0.9 \times 0.9 \times 0.9 \times 1$ 万円 $= 7290$ 円

「同じことを δ を使って表すと、こうだ」

時間	受取額	割引後の価値
現在	1 万円	$\delta^0 \times 1$ 万円 $= 1$ 万円
1 ヶ月後	1 万円	$\delta^1 \times 1$ 万円 $= 9000$ 円
2 ヶ月後	1 万円	$\delta^2 \times 1$ 万円 $= 8100$ 円
3 ヶ月後	1 万円	$\delta^3 \times 1$ 万円 $= 7290$ 円

「つまり、1 期の時間割引因子を δ とおくと、t 期後の 1 万円の現在価値は

$$\delta^t \times 1 \text{ 万円}$$

という δ の指数関数で表すことができる。この δ^t を割引関数と呼ぼう[*2]」

「ふむふむ。これと先延ばしの話と、どう関係するの？」

「利得と同じように、未来のコストも割り引かれると仮定してみよう。たとえば、作業時間というコストには、1 日あたり $\delta = 0.88$ の時間割引因子がかかると仮定する。すると、1 日目をサボって 2 日目から作業を開始する場合の客観的な作業時間は、

$$\frac{10 \text{ 時間}}{10 \text{ 日} - 1 \text{ 日}} \approx 1.11 \text{ 時間/日}$$

[*2] 一般に、割引関数を時間 t の関数 $f(t)$ で表すとすれば、時間割引因子は $f(t+1)/f(t)$ と定義されます。この場合 $\delta^{t+1}/\delta^t = \delta$ が時間割引因子です

だけど、割引因子をかけると

$$\delta \times 1.11 = 0.88 \times 1.11 \approx 0.98$$

だから、割引後には1日あたりの作業時間は0.98に感じられる。サボらなかった場合と比較した結果は、

$$\underbrace{\frac{10}{10-0} = 1}_{\substack{\text{初日から始めた場合の} \\ \text{1日あたりの作業時間}}} > \underbrace{0.88 \times \frac{10}{10-1} = 0.98}_{\substack{\text{2日目から始めた場合の} \\ \text{1日あたりの作業時間（割引後）}}}$$

となる」

「なるほど。サボっても主観的には作業時間はあんまり変わらないんだね。むしろちょっと短くなってる」

「だから《今日はサボって明日から始めよう》と考えてしまう。次に《1日目》《2日目》をサボった場合の作業時間と、サボらなかった場合の1時間を比較してみよう。2日連続でサボり、3日目から作業を始めた場合の1日あたりの作業時間は、客観的には

$$\frac{10\,\text{時間}}{10\,\text{日} - 2\,\text{日}} = 1.25\,\text{時間/日}$$

に増えている。しかし割引関数を考慮すると、

$$\delta^2 \times 1.25 = 0.88^2 \times 1.25 = 0.968 < 1$$

となる。$0.88^2 \approx 77.4\%$ なので、図で表すとこうだよ。縦軸は1日あたりの作業時間で、矢印は割引後の作業時間を表している」

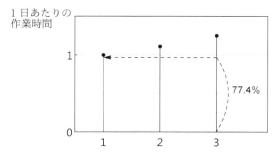

「この結果、いますぐ作業を始めるよりも、《2日サボって3日目から始めるほうがいい》と感じられる」

「なんか、デジャブが……」

「初日の意思決定の時点で、何日サボりたいと思うのかを、計算から予測してみよう」

---

t 日間サボり、$t+1$ 日目から作業を始めた場合、1日あたりの作業時間は客観的には

$$\frac{10}{10-t}$$

となっている。これは最初に確認したとおりだね。次に割引関数を考慮すると、この時間が

$$\delta^t \times \frac{10}{10-t}$$

と感じられる。$t=4, \delta=0.88$ のとき

$$\delta^t \times \frac{10}{10-t} = (0.88)^4 \times \frac{10}{10-4} \approx 0.999.$$

$t=5$ のとき

$$\delta^t \times \frac{10}{10-t} = (0.88)^5 \times \frac{10}{10-5} \approx 1.055.$$

つまり、$t=5$ のとき、初めて1を超える。だから初日の時点で、最初の4日はサボるけど、5日目からは作業を始めよう、と判断する。

「そっかー。こわいなー」

「ところで君は、今日はサボって明日からちゃんとやろうと心に決めておきながら、いざ明日になってみたら先延ばしするってことない？」

「あるある。めっちゃあるよ。っていうか、私の人生、ほぼそれの連続だったと思う」

「僕もときどき、そういうことがある。ところが割引関数が、ここまで考えてきた指数型の場合——つまり δ^t という形だったら——そういうことは起こらないんだ」

「え？ どういうこと」

「はじめの 4 日間をサボったと仮定する。現在が 5 日目だとすると、今日以降の作業時間はこのように見える」花京院は図を追加した。

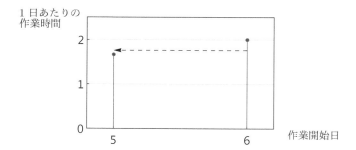

図が示しているとおり、割引後でも翌日の作業時間のほうが長い。5 日目から作業を開始する場合、すでに 4 日サボっているので、1 日あたりの作業時間は

$$\frac{10}{10 - \underbrace{4}_{\substack{\text{サボった}\\\text{日数}}}} \approx 1.667$$

となっている。もし予定どおり 5 日目から作業を始めずに、6 日目から始めると、1 日あたりの客観的な作業時間は

$$\frac{10}{10 - 5} = 2$$

となる。この翌日からのコストに、割引因子 $\delta = 0.88$ をかけると

$$0.88 \times 2 = 1.76$$

となる。2 つを比較すると

$$\underbrace{\frac{10}{10 - 4} \approx 1.667}_{\substack{\text{5 日目から始めた場合の}\\\text{1 日あたりの作業時間}}} < \underbrace{0.88 \times \frac{10}{10 - 5} = 1.76}_{\substack{\text{6 日目から始めた場合の}\\\text{1 日あたりの作業時間（割引後）}}}$$

なので、今日（5 日目）払うコストより、翌日に払うコストのほうが割引後でも大きくなっている。だから、やっぱり当初の予定どおり今日（5 日目）から始めたほうがよい、という判断になる。つまり割引関数が δ^t という形の場合、時間が経過したからと言って、過去に立てた計画をくつがえしたり

しない。言い換えると、ある時点で立てた最適な計画は、後の時点でもやはり最適なんだ。

「ふむふむ」

「ところが、僕らが日常的によく経験するのは、《明日になったらやろう》と決めていても、いざ明日になったら、また先延ばしをしてしまう、ということだ。これは、僕らの割引関数が δ^t ではないことを示唆している」

「じゃあなんなの？」

「経済学者レイブソンが考案した準双曲型割引モデルが、僕らの行動をうまく説明できる」

「じゅんそーきょくがた？」青葉は聞き慣れない言葉を繰り返した。

4.6　準双曲型割引

「たとえば今日 1 万円をもらうのと、明日 1 万 10 円をもらうのとでは、どっちがいい？」花京院が質問した。

「1 日待つと 10 円がプラスされるのか……。うーん、たったの 10 円を余分にもらうために 1 日待つのはいやかなー。今日すぐに 1 万円をもらうほうがいい」青葉は少し考えから答えた。

「では、1 年後に 1 万円もらうのと、1 年と 1 日後に 1 万 10 円もらうのとでは、どっちがいい？」

「え、1 年後？ そんなに長く待つの？ どうせ 1 年待つなら、1 年と 1 日待っても同じじゃん。だったら 1 日余分に待って、1 万 10 円をもらうよ」

「どちらの選択も、1 日余分に待つと 10 円もらえるという条件は共通している。君は最初の選択では待たないと言い、次の選択では待つと言った。もし割引関数が δ^t なら、その選択は矛盾している。どちらも比較しているのは、1 日後の利得だからだ」

「そうかなー？」

「計算して確かめてみよう。最初の選択を式で表すと

$$1 万円 > \delta \times 1 万 10 円$$

で、次の選択を式で表すと

$$\delta^{365} \times 1\,\text{万円} < \delta^{366} \times 1\,\text{万}10\,\text{円}$$
$$1\,\text{万円} < \delta \times 1\,\text{万}10\,\text{円}$$

だから矛盾している」

「ほんとだ」青葉は 2 つの不等式を見比べた。同じ式なのに不等号の向きだけが変わっていた。

「だから現実の人間は、直近の未来ほど大きく割り引き、遠い未来のほうでは、割引の程度が変わらないと予想できる。このような傾向、つまり直近の未来ほど大きく割り引く傾向を現在バイアスという。そしてこのバイアスを表現した割引関数を準双曲型割引という。これは次のような形で時点 t のコスト C_t を割り引く。コスト C_t に時間を示す添え字 t がついているのは、割引関数だけじゃなく、時間とともにコストも変化する場合があるからだよ」

準双曲型割引

t	0	1	2	3	4
割引後のコスト	$\delta^0 C_0$	$\beta\delta^1 C_1$	$\beta\delta^2 C_2$	$\beta\delta^3 C_3$	$\beta\delta^4 C_4$

指数型割引

t	0	1	2	3	4
割引後のコスト	$\delta^0 C_0$	$\delta^1 C_1$	$\delta^2 C_2$	$\delta^3 C_3$	$\delta^4 C_4$

「ほとんど一緒じゃん。なにが違うの?」青葉が 2 つの表を見比べながら言った。彼女には違いがよくわからなかった。

割引関数を $f(t)$ で表すことにしよう。指数型割引関数はどの時点 t でも常に同じで、

$$f(t) = \delta^t$$

という形をしている。一方で準双曲型割引の場合、

$$f(t) = \begin{cases} \delta^t, & t = 0 \\ \beta\delta^t, & t > 0 \end{cases}$$

という具合に、時点 t によって式が異なる。明日から始めようと決意しても、当日になるとまた先延ばしをしてしまう行動を、この違いで説明できるんだよ。

具体例を使って説明しよう。$\delta = 0.95, \beta = 0.7$ と仮定して、初日の選択を考える。すると 2 日目から始めた場合の 1 日あたりの作業時間は

$$\frac{10}{10-1}$$

であり、これが割り引かれるので、

$$\beta\delta^1 \times \frac{10}{10-1} = 0.7 \times 0.95 \times \frac{10}{9} \approx 0.739$$

となる。サボらなかった場合の作業時間 1 と比較すると、0.739 のほうが小さいから 1 日目はサボってもいいかな、という気になる。

次に作業開始日を 2 日目、3 日目と遅らせた場合の、割引後の作業時間を計算して比較してみよう。

サボった日数	作業開始日	1 日あたりの作業時間（割引後）
0	1	$\delta^0 \times \dfrac{10}{10-0} = 1$
1	2	$\beta\delta^1 \times \dfrac{10}{10-1} \approx 0.739$
2	3	$\beta\delta^2 \times \dfrac{10}{10-2} \approx 0.789$
3	4	$\beta\delta^3 \times \dfrac{10}{10-3} \approx 0.850$
4	5	$\beta\delta^4 \times \dfrac{10}{10-4} \approx 0.950$
5	6	$\beta\delta^5 \times \dfrac{10}{10-5} \approx 1.083$

この計算結果から、5 日間サボって 6 日目から始めると、割引後の作業時間が 1.083 となり 1 を超えることがわかる。だから初日の時点で《4 日間サボって、5 日目から作業を開始する》という計画を立てると予想できる。ここまでの計画は、指数型割引の場合と同じだ。

ところが、5 日目の当日になってみると、次のように考える。

5日目から開始した場合の1日あたりの作業時間は、客観的には

$$\frac{10}{10 - \underbrace{4}_{\substack{\text{サボった}\\\text{日数}}}} \approx 1.667$$

となっている。

6日目から開始した場合の割引後の作業時間と比較してみると、

$$\underbrace{\frac{10}{10-4} \approx 1.667}_{\substack{\text{5日目から始めた場合の}\\\text{1日あたりの作業時間}}} > \underbrace{0.7 \times 0.95 \times \frac{10}{10-5} = 1.33}_{\substack{\text{6日目から始めた場合の}\\\text{1日あたりの作業時間（割引後）}}}$$

だから、今日(5日目)もサボって、明日（6日目）から始めたほうがよいと感じられる。

こうして、初日に立てた計画では《5日目から作業を始めよう》と決めていたにもかかわらず、いざ5日目になってみると、今日もサボってもいいやと考えてしまうんだ。この点が、先ほど仮定した指数型割引の場合とは異なる。指数型割引の場合でも先延ばしは生じるけど、さらなる先延ばしは生じなかった。ところが双曲型割引の場合、ある時点で立てた計画が、のちの時点では最適ではなくなることがある。

だから、はじめはサボるつもりがなくても、やろうと予定していたその日が実際にきてみると、また先延ばしをしてしまうんだ。

―――――

「なるほど、それでずるずると先延ばしを続けちゃうのかー。うーん、おっそろしいなー。私がリポートを締め切りギリギリにならないと書けない理由がわかったよ」

「結局、翌日の割引後の作業時間が、今日やるべき作業時間を上回らない限り、先延ばしを続けるんだ。つまり、t日サボったあとの1日あたりの作業時間

$$\frac{10}{10-t}$$

と、さらに1日先延ばしたあとの割引後の作業時間

$$\beta\delta \times \frac{10}{10-(t+1)}$$

を比較して、後者が前者を上回った場合に初めて、先延ばしをやめる。ちなみに $\delta = 0.95, \beta = 0.7$ の場合は、$t = 8$ でようやく

$$\frac{10}{10-t} < \beta\delta \times \frac{10}{10-(t+1)}$$
$$\frac{10}{10-8} < 0.7 \times 0.95 \times \frac{10}{10-(8+1)}$$
$$5 < 6.65$$

が成立する。最初の計画では 4 日サボって 5 日目から始めようとしてたのに、結局ずるずると先延ばしして、8 日目になってようやく腰をあげるんだ」

「また、デジャブが……」

4.7 先延ばしの防止

「で、結局どうすれば先延ばしを防止できるの?」青葉が聞いた。ここまでの説明を聞いて、先延ばしを回避することは無理なんじゃないかと彼女は感じていた。

「解決法は大きく分けて、3 つある。

1. 価値の付与
2. 課題の分解
3. コミットメント

このうち《価値の付与》については、さっき説明したね。卒論が君にとってどんな価値があるのかを認識することだ。最も単純には、さっき説明したとおり金銭的なインセンティブがあるし、それだけではなくて、卒論を書くことで知的アウトプットを算出するという能力が身につく。この汎用的な能力には、金銭的インセンティブ以上の価値がある」

「うーん。正直私には、その価値があんまりよくわからないんだけどな」

「もしそうなら、自分が感じることができる価値に、現在の課題を結びつければいい。たとえば、卒論を書き終わったら、これをやりたいっていう、なにか楽しい予定はない?」

「そうだなあ。卒論が無事合格したら、ゼミの仲間と卒業旅行に行こうって話はしてたけど」

「それでいいよ。こんな連鎖を考えてみよう」

みんなで旅行に行く
↓
旅行に行くために卒論試験に合格する
↓
合格するために期限内に提出する
↓
期限内に間に合うよう、はやめに取り組む

「こんなふうに、具体的で現実的な正のインセンティブを考えるんだよ」
「うん。まあこれなら、たしかにやる気が少し出るかな」

4.8　課題の分解とコミットメント

「次は、複雑で大きな課題を小さな課題へと分解する必要がある」
「分解？」
「《卒論》というのは、大きな課題の総称だ。それは最終的に完成させる目標だから、抽象的すぎて全体がつかめない。卒論を書くという作業は、実際には、《先行研究の文献を調べる》、《データを分析する》、《数理モデルを計算する》、《シミュレーション用のコードを書く》、《分析結果をグラフの形で要約する》などの具体的な作業の積み重ねによってできている。だからこれらの作業の中から、1日で達成できる小さな課題を切り出し、まずはその小さな課題から片付けていくんだ。卒論という大きなゴールに到達するまでのサブゴールを設定するんだよ」
「細かく分けるだけでいいの？」
「先延ばしは、締め切りが遠いほど起こりやすい。だから課題を小分けにして、小課題の締め切りを人為的に手前に引き寄せるんだ。そうすることで、先延ばし自体が生じにくくなる。さらに、簡単にできる小課題の達成を繰り返すことで、やればできるという自信が少しずつつく。小課題は具体的に設定する必要がある。たとえば、漠然と《データを分析する》というのはよくない。小分けにした課題はもっと具体的に、《応答変数を主観的幸福感として、説明変数を年齢、学歴、職業、婚姻状態、居住地、従業上の地位とする順序ロジットを最尤法で推定する》くらいに設定する必要がある」
「なるほどー」

4.8 課題の分解とコミットメント

「課題は1日単位で考えたほうがいい。そして、最も難しい作業に割り当てる時間は午前中の2時間と決めておく」

「えー。私、夜型なんだけど」

「人間の意思力は有限で、意思決定するたびに少しずつ消耗していくという説がある。逆に言うと、頭が疲れ切った夜だと、先延ばしの誘惑に耐えるのが難しくなる。朝起きてすぐとか、午前中に認知的負荷の高い作業をやったほうが効率がいい。午後とか夜は、単調で退屈な作業を割り当てるといい。たとえば、参考文献リストの作成とかメールの確認は、疲れていてもできるはずだ」

「たしかに」

「朝でなくても、必ずこの時間帯にはこの作業をすると決めてルーティンにするのは有効だよ。習慣になってしまえば、それが自信となり、先延ばしに対抗できる。コンスタントに長編小説を書き続ける著名な作家は、小説を完成させるコツとして、たとえ1行も書かなくても、決まった時間に机に座ることを推奨している」

「うーん、朝からいきなりできるかなー」

「分解した小課題に対して、小さな報酬を与えてもいい。たとえば、今日の課題をやりきったら、アイスクリームを食べるとか」

「あ、それ楽しそう」

「楽しくやるのは重要だよ。楽しくない作業を続けるのは難しいからね」

「よしわかった。次のコミットメントは？」

「自分がサボらないように、あらかじめ自分自身の行動の選択肢を制約するんだ。たとえば、ついゲームアプリで遊んでしまう場合は、アプリをアンインストールしてしまう。インターネットやメールでついつい時間を潰してしまう場合は、作業時間中は起動できないように設定しておく。テレビをなんとなくダラダラ見てしまう場合は、テレビの電源を抜いておく。とにかく誘惑そのものや、誘惑対象の引き金となるものを、まわりから遠ざけておくんだ。自分が誘惑に弱いことを自覚することも重要だよ」

「でも自分でその制約を、破っちゃうことがあるんだよね」

「そういう場合は、約束を破った場合の罰則を他者ととりかわすことが有効だ。たとえば、1週間後までに論文を10頁書き進めなかったら、お昼ご飯をおごると友達と約束する。このときのペナルティが大きければ大きいほど効力は高い。もちろんこれは心的なペナルティも含まれるから、単に友達

や先生に《〇〇日までに□□する》と宣言するだけでもいい。自分で宣言した以上、約束を守らないと心理的な抵抗があるからね」

「そこまで自分を追い込むの、ちょっと怖いなー」

「ほかには、一緒に作業をする仲間を見つけるのは重要だ。たとえば、いまの研究室で言えば……」花京院は3人ほど研究室の卒論生の名前をあげた。

「彼らは、計画どおりに卒論を書き進めている。だから、そういう人と一緒に作業をするといい。身近な成功例を観察すれば、自分にもできるというやる気が出やすい」

「この話ってさ、他にも応用できるよね？　もっとはやく知っておけばよかったなー」

「たとえば？」

「受験勉強とかさ。就職活動とかさ。私はどっちもあんまりやる気がなくて、ダラダラとやっちゃったんだけど。自己管理がちゃんとできていれば、もっとうまくできたのかなーって思うよ。たとえば就職活動ってさ、私には明確な目的がなかったんだよね。なるべく仕事がラクで給料が悪くないところで働ければいいかってくらいにしか考えてなかったんだ」

「うん」

「結局価値を見いだせなかったんだよね」

「多くの人がそうじゃないかな。大学を卒業するまでに、《自分がほんとうにやりたいこと》と、《自分にできること》との折り合いをつけるのは難しい」

「花京院くんはどうなの？」

「どうだろうね。僕は……」

花京院は深刻な表情を浮かべたまま、そこで言葉を切った。

このとき青葉は、花京院が就職活動をしない理由を知らなかった。

まとめ

- 人には現在の自分を未来の自分よりも優先させる傾向がある
- 人は未来の利得やコストを現在の価値よりも割り引いて考える傾向がある。これを時間割引という
- 時間割引によって先延ばしが生じる
- 直近の未来ほど利得を大きく割り引く傾向を現在バイアスという。そしてこのバイアスを表現した割引関数を準双曲型割引という
- 先延ばしを防止するには、1. 課題に正の報酬をひもづける、2. 大きな課題をすぐにできる簡単な小課題に分解する、3. コミットメントを形成する、という方法が有効である

参考文献

池田新介, 2012, 『自滅する選択——先延ばしで後悔しないための新しい経済学』東洋経済新報社.

> 先延ばし行動にかんする行動経済学の一般向け〜やや専門家向けの本です。先延ばし傾向が強い人は弱い人に比べて、喫煙習慣者・肥満体型者・ギャンブル習慣者・飲酒習慣者・負債保有者の割合が高いという調査結果などを紹介しています。未来に支払うコストの時間割引について参照しました。

大垣昌夫・田中沙織, 2014, 『行動経済学——伝統的経済学との統合による新しい経済学を目指して』有斐閣.

> 大学生から大学院生向けの行動経済学のテキストです。プロスペクト理論や時間割引行動やゲーム実験などの行動経済学の代表的研究の基礎を学ぶのに適しています。類書では掲載されることが少ない、神経経済学の研究例も紹介しています。本章では時間割引について参照しました。

Steel, Piers, 2010, *The Procrastination Equation: How to Stop Putting Things Off and Start Getting Stuff Done*, Harper. （＝2012, 池村千秋（訳）『ヒトはなぜ先延ばしをしてしまうのか』阪急コミュニケーションズ.）

先延ばし行動について、主に心理学の観点から解説した一般向けの書籍です。先延ばしを克服する方法について詳しく説明しています。本章では、その中から代表的な方法を紹介しました。

第5章

理想の部屋を探す方法

第 5 章
理想の部屋を探す方法

■ 5.1 新居探しの難しさ

　花京院が教えてくれた先延ばし対策法は、青葉が想像していた以上に強力な効果を発揮した。まず彼女は花京院のアドバイスにしたがい、卒論という大きな課題を、簡単に実行できる小課題に分解した。これは一見単純なことのように見えるが、副次的な効果を持っていた。

　まず、課題を分解することで、なにから手をつけていいのかわからない、という状態から脱することができた。

　さらに、課題を小分けにすることで、現実的なスケジュールを組み立てることができた。

　また、コミットメントを利用することで、先延ばしを極力回避できた。

　青葉は研究室の同級生たちと一緒に作業しながら、お互いに励ましあい、なんとか期限内に卒業論文を提出することができた。

　これで、あとは卒業を待つだけ……。

　卒業を目前にした彼女の最後の心配は、次の住居を見つけることだった。現在青葉が住んでいる学生専用アパートは、契約上、卒業と同時に退出しなければならない。だから、4月からの新生活に向けて、新しい住居を探さなければならないのだ。

　しかし、部屋探しは思った以上に難航していた。彼女の勤め先は、大学が位置する地域とそれほど離れていない。だから土地勘はあった。しかし周辺の住居移動が集中する時期のせいか、いい物件だと思っても候補にしているあいだに、どんどん契約済みになってしまうのだ。

　さすがの花京院も、不動産の探し方は詳しくないだろうと、あまり期待せ

ずに青葉は彼に相談を持ちかけた。

「というわけでね、あと1ヶ月ちょっとで新しい部屋を探さないといけないの。無理だよー」

「うーん、最適な部屋を探す方法か」花京院は読書を中断して、腕を組んだ。

「さすがに、いい部屋を探す方法なんか知らないか。そもそも花京院くんは実家暮らしだもんね」

「条件を整理しよう。もし無限に時間があり、競争相手が存在しなければ、すべての候補を観察して、その中からベストな物件を選べばいい」花京院のモデル思考のスイッチがゆっくりと入った。

「まあ、そりゃそうだけど。実際はそれができないから困ってるんだよ」

「現実にはタイムリミットが存在する。つまり、君が観察できる候補は有限個だ。その数を n とおこう。そして不動産探しの特殊性は、競争相手がいるという点だ。つまり、よさそうな物件をキープしながら、さらによい物件を探すのが難しい」花京院は青葉の相談を起点にして、問題を抽象化していった。

「そうなんだよねー。よさそうだなーって思っているうちに、他の人が先に契約しちゃうんだよ」青葉があいづちをうった。

「つまり原理的には、保留不可能な検索を最適なタイミングで停止する問題だ。……、この問題は『秘書問題』や『結婚問題』の変形として考えることができる」花京院の目が一瞬、するどさを増した。

「秘書？ 結婚？ 部屋探しと関係ないじゃん」

「一見すると関係なさそうだけど、根底に潜む構造は共通している。この問題を最初に活字化したのはマーティン・ガードナーだと言われている。1960年にサイエンティフィック・アメリカンのコラムで数学パズルの問題として紹介されたんだよ。このパズル自体は1950年頃から数学者や統計学者たちのあいだで知られていたらしい」

「へえ、けっこう昔からあった問題なんだね」

5.2 グーゴル・ゲーム

「ガードナーがコラムで紹介した問題は、グーゴル・ゲームという数当てゲームだった。1人が10枚の紙片に好きな数字を書き、裏返して置く。対

第5章 ● 理想の部屋を探す方法

戦相手は1枚ずつ紙片をめくり、最後にめくったカードが最大値と一致したら勝ちというゲームだ」

「なにがおもしろいの、それ」

「実際にやってみればわかるよ」花京院はコピー用紙を切って10枚の紙片を用意すると、青葉に見えないように数字を書き込んだ。

「じゃあ1枚ずつめくっていいよ。君が最後にめくったカードが、10枚の中の最大の数なら、君の勝ちだ。最初にめくったカードよりも大きい数がまだ残っていると思ったら、次のカードをめくっていいよ」花京院がルールを説明した。

青葉は1枚目のカードをめくった。そこには《5》と書かれていた。

「うーん、5か……。これが大きいかどうかはわからないけど、さすがに1枚目から一番大きな数字を引くってことはないよね。じゃあもう1枚」青葉は2枚目のカードをめくった。2枚目は《3》と書いてある。

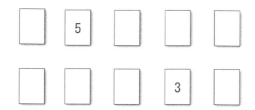

「あ、下がった。ってことは《3》は最大値じゃないよね。ははあ、やり方がわかってきたよ。じゃあもう1枚めくるね」次に青葉がめくった紙には《100》と書いてあった。

「おー、でっかい数字が出たよ。これ最大値じゃないかな」

「どうかな？」花京院は、余裕の笑みを浮かべている。

「これって数字の範囲は決まってないんだよね？」青葉が質問した。

「そうだよ。上限も下限もない」

「うーん、100 よりも大きい数字が隠れてる可能性もあるか……。難しいなー」青葉はしばらく考えた。

「よし。これでいいや。100 が最大値だと思う」

青葉の宣言を聞いてから、花京院はすべてのカードを裏返した。すると、その中には《10^{100}》と書かれたカードがあった。

「残念でした。最大値は 10 の 100 乗だよ」

「ちぇ。なによそれー」

「10 の 100 乗の単位をグーゴル（googol）という。実際には 1 グーゴルよりも大きい数を使ってもいい。ちなみに、検索エンジンの Google っていう名称の由来はこの巨大数だと言われている」

「どんなに大きな数字を書いてもいいってことは、相対的な順序だけが重要なんだよね。ってことは結局、ただの当てずっぽうのゲームじゃないの？」

「そう思う？ じゃあ最大値を当てる確率を高める方法について考えてみよう」花京院がホワイトボードの前に立った。

■ 5.3 問題の構造

「グーゴル・ゲームで最大数を当てる問題も、部屋探しでベストな物件を見つける問題も、最も優秀な秘書を選ぶ問題も、運命の相手を探す問題も、抽象化すれば同じ構造を共有している。それはこうだ」

1. n 個の対象をランダムな順番で観察する
2. 対象を観察した際に、それを選ぶかどうか決める
3. n 個の対象に対して完全に順序づけができる
4. 1 度パスした対象は選べない

「この状況で、どうやったら 1 番を選べると思う？」花京院が聞いた。

「そりゃあ『全部観察してから、1 位を決める』ってやり方が簡単だと思うけど、《仮定 4》によると、それはできないんだよね」青葉は花京院が定義した問題の構造を確認した。

「そのとおり。でも《仮定 3》より、n 個の中に必ず自分にとってベストな対象が存在する。この条件下で《1 位》を探し当てる確率を最大化するには

第5章 ● 理想の部屋を探す方法

どうしたらいいか？ これが考えるべき問題だよ」花京院が条件を整理した。

「じゃあ臨場感を出すために、部屋じゃなくて、ベストな結婚相手や恋人を探す場面を想像して考えてみるよ」

「まあ本質的には同じだから、それでもいいよ。君の場合、そのフレームで考えたほうが真剣になれそうだから」

青葉は目を閉じて集中した。

「まず1人目と出会ったとするよ。この人は……。うーん、……、これはやっぱりパスかな。最初に出会った人がたまたま第1位ってことは、さすがにないと思う」

「うん。最初の人が1位である確率は$1/n$。逆に言えば$1-(1/n)$の確率で1位じゃないから、確率論的には合理的な判断だ。では……、いったい、何人くらい観察すればいいかな？」

青葉は目をつぶったまま考えた。

（うーん、何人目まで見送ればいいんだろう）

しかし、なかなかいい考えは浮かばない。

花京院はホワイトボードに、長さが異なる棒を10本書いた。人を表しているらしい。

「この棒が君と出会う相手で、その高さが、相手の魅力を表している。問題は、この棒の列から一番高い棒を探すことだよ」

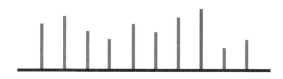

「ただし、次の図のように、中身が見えない箱の中から1人ずつ外に出して観察しないといけない」

5.4　観察から得た情報を生かすには

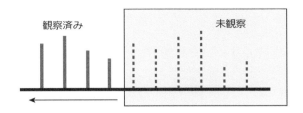

「一度パスした相手は選べないから、見送りすぎるのはよくない。ほどほどのところで観察を終えないと、1位を見逃してしまう可能性がある。どこで観察をやめればいいだろう？」

「うーん。この図のおかげで問題のイメージはつかめたけど、どうやって考えたらいいのかわからない……」青葉は頭をかかえた。

「そういうときは、どうするんだっけ？」花京院が計算用紙を差し出した。

「えーっと、《少ない数で具体例を考える》だ。じゃあ、全部で 10 人いるとして、半分の 5 人まで観察するのはどう？」

「いいね」

「それじゃあ 5 人まで観察して、6 人目を選ぶことにするよ。成功するには、5 人目まではハズレで、6 人目で初めて 1 位が現れないといけないってことだね。その確率は

$$\underbrace{\frac{9}{10} \times \frac{8}{9} \times \frac{7}{8} \times \frac{6}{7} \times \frac{5}{6}}_{\text{5 人はハズレ}} \times \underbrace{\frac{1}{5}}_{\text{6 人目が 1 位}} = \frac{1}{10}.$$

あれえ？？ 1/10 になったよ。これって結局……、当てずっぽうに 1 人選ぶのと変わらないってことか。うーん。失敗」青葉は残念そうにペンを置いた。

5.4　観察から得た情報を生かすには

「5 人目までは無条件で見送るっていう部分はいいと思うんだ。問題はその後だね。せっかく観察したのに、その《情報》が生かされていない」花京院が指摘した。

「情報を生かすってどういうこと？ 観察済みの人はもう選べないんでしょう？」青葉が首をかしげた。

「たしかにパスした相手は選べないけど、出会った人は記憶しているはずだ。君、記憶力はいいほう？」

「人並みにはあると思うけど。得意分野のことならだいたい覚えてる」

「君の得意分野ってなんだっけ？」

「ガンダム。ファースト限定で」

「無駄な質問だった……。じゃあ、3日前の夕飯、なにを食べたか覚えてる？」

「ぐっ……　もちろん覚えてるわよ。なにを食べたかはここでは公表しないけど。で、その出会った人の記憶をどうすればいいの？」

「5人までの暫定1位を基準にして選べばいいんだよ。6人目以降に現れた人の中に、その暫定1位を超える人が現れたら、その人を選ぶんだ」

「え？　どうして？」

「当てずっぽうで選ぶより、1位を選ぶ確率が高いからだよ。この方法を《5人観察法》と呼ぶことにしよう」

「ねえ、もし暫定1位を超える人が現れなかったらどうするの？」

「たとえば、どういう場合？」花京院が逆に質問した。

「つまり、暫定1位を決めるつもりで最初の5人をパスしたときに、本当の1位がたまたまその中に入ってた場合だよ。そうなったら、6人目以降に絶対1位が現れないよね」

「いい指摘だ。そういう場合は失敗だよ。他にも失敗する場合があるかな？」花京院が聞いた。

「え？　ほかにもあるの？　……　そうか。こういうパタンでも失敗だ」

青葉は紙に図を書いた。

「最初に観察した5人の中に3位がいて、6人目以降に1位のつもりで2位を選んじゃう場合だよ。これも失敗でしょ」

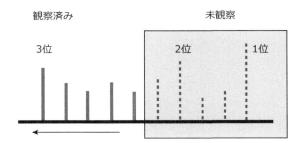

「そうだね。5 人観察法でも失敗する可能性があるってことが重要だ。だから、失敗する場合もふまえつつ、この方法で 1 位が見つかる確率を計算しないといけない」

「どうやって計算するの？」

5.5 成功する確率は？

「5 人観察法がうまくいく条件を特定しよう。まず、ほんとうの 1 位が 6 番目以降にいる必要がある。次に、本当の 1 位の位置を j 番目とすれば、その直前 $(j-1)$ 番目までの暫定 1 位が、最初の 5 人までに登場していないといけない」

「ちょっとなに言ってるかわからない。絵で説明してよ」

「図で描くとこんな感じだよ」

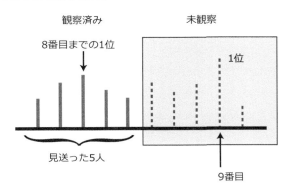

第 5 章 ● 理想の部屋を探す方法

「《本当の 1 位》の位置が 9 番目で、《8 番目までの 1 位》が、見送った 5 人の中にいたと仮定する。《8 番目までの 1 位》は、必ず見送った 5 人の中では暫定 1 位になる。この暫定 1 位は 8 番目までは 1 位だから、6 人目以降の相手は 8 番目まで暫定 1 位を超えることはない。しかし 9 番目は暫定 1 位を超える最初の相手となる。観察法のアルゴリズムによってこの 9 番目が選ばれる。そして 9 番目は自動的に《本当の 1 位》となっている」

「うーん、ややこしいなー。でも、図のおかげでようやくわかってきたよ」

「図を描いたり、具体的な数値で考えることは、モデルを理解するためにとてもいい方法だ。では、全体が 10 人いると仮定して、5 人観察法で 1 位を探し出せる確率を計算してみよう」

条件より、$(j-1)$ 番までの暫定 1 位が 5 番までに含まれ、かつ、j 番目に 1 位がいる確率は

$$P((j-1) \text{ 番までの暫定 1 位が 5 番までに含まれる})$$
$$\times P(j \text{ 番目に 1 位がいる})$$
$$= \frac{5}{j-1} \times \frac{1}{10}$$

となる。j の位置は 6 以降 10 までありえる。だから、そのすべての場合を足し合わせた確率が、《5 人観察法》の成功確率となる。すなわち、

$$\text{成功確率} = \sum_{j=6}^{10} \frac{5}{j-1} \cdot \frac{1}{10} = \frac{5}{10} \sum_{j=6}^{10} \frac{1}{j-1}$$
$$= \frac{1}{2} \left(\frac{1}{6-1} + \frac{1}{7-1} + \frac{1}{8-1} + \frac{1}{9-1} + \frac{1}{10-1} \right)$$
$$\approx 0.372817.$$

「でたらめに選ぶと 1/10 だから、それと比べるとだいぶ確率が上がったね。やっぱり半分見逃すっていう私の直感はけっこうイイ線いってたんじゃない？」

「でたらめに選ぶよりはたしかにいいことがわかったね。でも半分観察してから暫定 1 位を決める方法が、成功確率を最も高めるかどうかはまだわからない」

5.6 コンピュータによる予想

「そっかー、10人中3人とか6人を観察したほうが成功確率が高いっていう可能性もあるねー。でも、何人観察すればいいのかな。全部計算して比べるのは面倒だよ」

「いきなり解析的に解くのは難しいから、まずはコンピュータでいろんな場合を計算してみよう。これも具体例の計算の一種だけど、有効な方法の一つだよ」花京院は計算用のコードをあっというまに書いた。

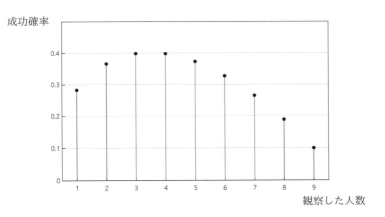

「これは $n = 10$ の場合に、観察する人数を1から9まで変化させた場合の成功確率だよ。計算の結果から、3人もしくは4人見送った場合に確率が最大化している様子がわかるね。同じことを人数を増やして乱数を使ってシミュレーションしてみよう。次の関数 select は、n 人の候補者に対して《r 人観察法》を適用する。アルゴリズムは以下のとおり[1]」

1. n 人にランダムな数値を割り当てる
2. r 人まで探索して最大値を記憶する
3. $(r+1)$ 人目以降に、その最大値を超える相手が出現したら、それを選ぶ

---

[1] 作者の GitHub リポジトリ（https://github.com/HiroshiHamada/KandA/）にてコード（secretary_problem.R）を公開しています。計算には R というフリーソフトを使いました

第5章 ● 理想の部屋を探す方法

4. 選んだ相手が実際に最大値であったかどうかを調べ、成功時に1、失敗時に0を返す

```
# 関数 select の定義 ###############
select <- function(n, r){
    # n は集団人数、r は観察人数
    applicants <- runif( n ) # n 人分の乱数発生
    candidate <- max( applicants[1: r ] )
    # r 人までの candidate (暫定1位)を定義する
    if ( candidate == max( applicants ) ){
        selected <- 0
        }
    # 最初のr 人に全体の1位が入っていれば失敗
    # selected に0を代入

    s <- r + 1
    # while ループ用カウンタとして s を定義する

    if(applicants[s] > candidate) {
      # r 番以降の人 > r 番までの暫定1位を比較
        selected <- applicants[s]
        # 暫定1位を超える人をselected に代入
    } else {
        selected <- 0
        while(candidate != max(applicants) &
            applicants[s] < candidate & s<=n){
            s <- s+1
            selected <- applicants[s]
            # candidate よりいい人が現れるまで検索を続ける
            # candidate よりいい人が現れたら記録する
            }#while ends
    }#if else ends
    if ( selected == max ( applicants ) ) { 1 }
    else { 0 }# selected の全体の1位かどうかを判定
    }#結果を0か1で返して終了
```

「たとえば $n = 100$ として、30人まで観察して、暫定1位を超える31人目以降を選んだ場合に成功するかどうか、こうやって計算する」

```
select(n=100, r=30)
```

「試しに $n = 100, r = 50$ の条件で1万回繰り返して、何回成功したかを計算してみよう。うまくいったら1、失敗したら0を出力するので、1万回分の結果を平均すれば、成功確率がわかる」

```
mean(replicate(10000, select(100, 50)))
[1] 0.3492
```

「成功確率はだいたい 0.3492 だね。次は $n = 100$ とおいて、$r = 1$ から $r = 99$ まで r を 1 人ずつ増やしながら、それぞれの成功確率を計算してみよう。r を変えるたびに 2000 回繰り返して平均をとるよ」

花京院は関数を使って繰り返し計算のコードを入力した。

「そのあいだにコーヒーでも入れよっか」青葉がコーヒーを入れる準備を始めた。しかしコンピュータは 1 分もしないうちに、計算結果を出力した。

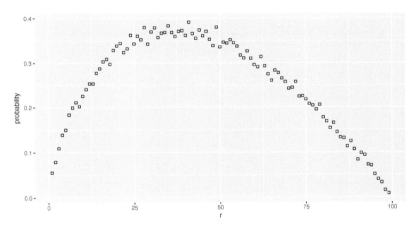

r 人観察法の成功確率の比較

「もう結果が出た。横軸は何人まで観察するかを、縦軸はその観察法の平均的な成功確率だよ。だいたい $r = 36, 37$ あたりで確率が最大化しているようだね」

5.7　全体の 36.8% を見送る理由

「うーん、どうして $r = 36$ とか 37 のあたりで最大化するのかな？」青葉が聞いた。

「その問題に答えるには、r 人観察法の成功確率を一般式で表し、確率を最大化する r を計算して求める必要がある」

「そんなことできるの？」

「わからないから、まずは試しにやってみよう」

花京院は楽しそうに新しい計算用紙を広げた。

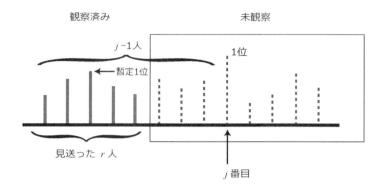

r 人観察法がうまくいくための条件を整理しよう。

1. $j > r$ を満たす j 番目に n 人の中での 1 位が存在する
2. r 人見送った中に、$(j-1)$ 人の中での 1 位が含まれる

この 2 つの条件が満たされたとき、r 人観察法が成功する。

$(j-1)$ 番までの 1 位が r 番までに含まれ、かつ、j 番目に 1 位がいる確率は

$$P((j-1) 番までの暫定 1 位が r 番までに含まれる)$$
$$\times P(j 番目に 1 位がいる)$$
$$= \frac{r}{j-1} \cdot \frac{1}{n}$$

だ。j の位置は $r+1$ 以降 n までありうるから、そのすべてを足し合わせると、r 人観察法が成功する確率となる。

$$\sum_{j=r+1}^{n} \frac{r}{j-1} \cdot \frac{1}{n} = \frac{r}{n} \sum_{j=r+1}^{n} \frac{1}{j-1} \qquad r/n \text{ を外に出す}$$

$$= \frac{r}{n} \sum_{j=r+1}^{n} \frac{n}{j-1} \cdot \frac{1}{n} \qquad n/n \text{ をかける}$$

$$= \frac{r}{n} \sum_{j=r+1}^{n} \left(\frac{j-1}{n}\right)^{-1} \frac{1}{n} \qquad \text{逆数にする}$$

ここで $t = j/n$ とおいて、総和記号 $\sum$ のインデックスを変えるよ。

いま総和記号のインデックス j は、

$$j = r+1 \text{ から始まって } j = n$$

で終わる。$t = j/n$ とおけば $tn = j$ だから

$$j = r+1 \iff tn = r+1$$
$$t = \frac{r+1}{n}$$

また

$$j = n \iff tn = n$$
$$t = 1$$

である。よって

$$j = r+1 \text{ から始まって } j = n \text{ で終わる}$$

を t に置き換えると

$$t = \frac{r+1}{n} \text{ から始まって } t = 1 \text{ で終わる}$$

となる。新しいインデックス t を使って総和を書き直すと

$$\frac{r}{n} \sum_{j=r+1}^{n} \left(\frac{j-1}{n}\right)^{-1} \frac{1}{n} = \frac{r}{n} \sum_{t=\frac{r+1}{n}}^{1} \left(\frac{tn-1}{n}\right)^{-1} \frac{1}{n} = \frac{r}{n} \sum_{t=\frac{r+1}{n}}^{1} \left(t - \frac{1}{n}\right)^{-1} \frac{1}{n}.$$

総和記号 $\sum$ のインデックスが j から t に変わったところに注意してね。ここで n について極限をとる。

$$\lim_{n\to\infty} \frac{r}{n} \sum_{t=\frac{r+1}{n}}^{1} \left(t - \frac{1}{n}\right)^{-1} \frac{1}{n}$$

$$= \lim_{n\to\infty} \left(\frac{r}{n}\right) \lim_{n\to\infty} \left(\sum_{t=\frac{r+1}{n}}^{1} \left(t - \frac{1}{n}\right)^{-1} \frac{1}{n}\right)$$

r/n の n にかんする極限値を

$$\lim_{n\to\infty} \frac{r}{n} = x$$

と定義しよう。つまり、r と n の比は一定であると仮定する。すると

$$x \lim_{n\to\infty} \left(\sum_{t=\frac{r+1}{n}}^{1} \left(t - \frac{1}{n}\right)^{-1} \frac{1}{n}\right)$$

となる。

ところで $n \to \infty$ かつ $\Delta x_i \to 0$ であるとき、積分を

$$\lim_{n\to\infty} \left(\sum_{i=1}^{n} f(x_i) \Delta x_i\right) = \int_{x_1}^{x_n} f(x) dx$$

と定義できるから

$$\lim_{n\to\infty} \left(\sum_{i=1}^{n} f(x_i) \frac{1}{n}\right) = \int_{x_1}^{x_n} f(x) dx$$

と考えれば、総和 $\sum f(x_i) \frac{1}{n}$ を積分 $\int f(x) dx$ で近似できる[*2]。また

$$\lim_{n\to\infty} \frac{r+1}{n} = x + 0 = x, \quad \lim_{n\to\infty} \left(t - \frac{1}{n}\right)^{-1} = t^{-1}$$

だよ。2つめの極限の計算ではロピタルの定理を使ったよ。これらを使って総和の極限を積分で近似すると

$$x \lim_{n\to\infty} \left(\sum_{t=\frac{r+1}{n}}^{1} \left(t - \frac{1}{n}\right)^{-1} \frac{1}{n}\right) = x \int_{x}^{1} \frac{1}{t} dt$$

[*2] 総和の極限値としての積分の定義については、たとえば章末文献リストの矢野・田代（[1979]1993: 114-115）などを参照してください

となる。右辺の定積分を解くと

$$x \int_x^1 \frac{1}{t} dt = x \left[\log t\right]_x^1 = x(\log 1 - \log x) = -x \log x$$

だよ。つまり、r 人観察法の成功確率は $-x \log x$ だ。

ここで x は r/n、つまり全体の何割を見逃すかを表す確率だったことを思い出しておこう。成功確率を最大化する x を求めるよ。$f(x) = -x \log x$ とおいて x で微分すると、

$$\begin{aligned}\frac{df(x)}{dx} &= -1 \cdot \log x + (-x)\frac{1}{x} \\ &= -\log x - 1\end{aligned}$$

だね。微分の定理 $(fg)' = f'g + fg'$ を使ったよ。導関数を 0 とおいて、x について解けば

$$\begin{aligned}-\log x - 1 &= 0 \\ -\log x &= 1 \\ x &= \frac{1}{e}\end{aligned}$$

となる。つまり、$x = 1/e$ のとき、成功確率は最大化する。

ところで、自然対数の底 e は約 $2.718281828\cdots$ だから、

$$x = 1/e \approx 0.367879.$$

言い換えると、36.8% を見逃す戦略が、全体の中での《1位》を発見する確率を最大化するんだ。

「うーん、積分と微分のところが難しかったなー」

「最後のところでは、関数 $f(x)$ が $x = a$ で極値をとれば、$f'(a) = 0$ となる、という定理を利用して、x がいくつのときに成功確率が最大化するのかを調べたんだよ。省略したけど、2階導関数の符号から、$x = 1/e$ のとき成功確率は極大値をとり、$x \in [0, 1]$ の範囲で極大値が最大値であることを示せるんだ」

「ちょっとなに言ってるかわからない」

「微分については、またこんど説明するよ*3」

「わかった、よろしく。とにかく、計算するとちゃんと 36.8% っていう数値が出てくるってことね。だからコンピュータで実験したとき、$n=100$ 人の場合は、$r=36$ や $r=37$ 人あたりまで見送るのがよかったんだ。なんだか不思議ー」

青葉は計算過程を何度も確認した。積分による近似と微分の計算が難しかったので、紙に書きながらゆっくりと計算の流れを追った。

「このアルゴリズムから導出されたインプリケーションには、さらに興味深い事実が潜んでいる。成功確率を最大化する見逃し割合 $1/e$ を、成功確率 $-x\log x$ に代入すると

$$-x\log x = -\frac{1}{e}\log e^{-1} = \frac{1}{e}$$

になる」花京院はやや興奮ぎみに計算結果を説明した。

「これのなにがすごいの？」

「つまり、最大化した成功確率は見逃す割合 $1/e$ に等しい。全体の $1/e$ を見逃してから、その観察結果を利用してベストな対象を探すと、ベストな対象を見つけ出す確率が最大化される。その最大化した確率も $1/e$ なんだ」

「へえー」

「最大確率を計算する過程では、なにも具体的な数字を仮定していない。にもかかわらず、アルゴリズムにもとづいて確率を最大化すると、自然対数の底である e の逆数が出てくる。この事実に対する表現として、《美しい》はあまりに凡庸だけど、僕はそれ以外の形容詞を知らない」

花京院は、計算結果を確かめるために、再び紙とペンを手にとった。

（36.8% かあ……、私はこれまでに何 % の人と出会ったのかなあ）

計算に再び熱中する花京院を眺めながら、青葉はコーヒーカップに唇をあてた。

---

*3 10 章であらためて微分法の意味を解説します。本章末文献リストの矢野・田代 ([1979]1993: 66-73) なども参照

5.8 究極の選択

　花京院に教えてもらった方法を使って、青葉は自分にとってベストな物件を探し始めた。まず退去期限である 3 月末から逆算して、検索できる期間内で最大で何件の物件を探せるかを計算した。そして、検索可能な範囲の 36.8% までは暫定 1 位の物件を探すことにした。
　と……。そこまでは順調だったが……。困った事態が生じた。このアルゴリズムは、対象間で完全な順序づけができる、という条件が必須だが、そもそも順番をつけることが難しい物件に出会ってしまったのだ。
　「ぬうー。困った……」研究室で青葉はひとりで頭をかかえていた。
　「どうしたの？ 入居先は見つかったの？」花京院が視線をモニタから動かさずに聞いた。
　「このあいだ教えてもらった方法で、候補は絞られてきたんだけど、どうしても順番がつけられない物件が出てきたんだよ。一つは

　　　勤務地から近いけど家賃が高い

もう一つは

　　　勤務地から遠いけど家賃が安い

予算の制約があるから、最後はどうしてもこの 2 つの選択になっちゃうんだよー」
　「なるほど、難しい選択だけど、その選択に関連するおもしろい研究がある。ブルーノ・フライとアロイス・スタッツァーは、長時間通勤のストレスは割にあわないという論文を発表した。この論文によれば、通勤時間が長い人ほど、生活満足度が低下するという」
　「へえ、どれくらい？」
　「通勤時間が 0 分の人と比べて、片道で 22 分かかる人は、10 段階で測定した生活満足度が 0.1025 ポイント低下する」
　「なんだ、たいしたことないじゃん」
　「たしかに一見、効果量はたいしたことないように見える。しかし生活満足度への影響を所得に換算すると、通勤時間 22 分の増加による満足度の減

少を埋め合わせるためには、月給を約 470 ユーロ (約 6 万 2500 円)[*4]、増加させなくてはいけない」

「え？ そんなに？」

「仮に勤務地から近い物件と遠い物件とで、通勤時間が 30 分違うとしよう。満足度への影響が線形に増加するなら

$$6 \text{万} 2500 \text{円} \times \frac{30 \text{分}}{22 \text{分}} \approx 8 \text{万} 5227 \text{円}$$

も埋め合わせに必要になる。近い物件と遠い物件の家賃に 8 万 5000 円以上の差があるだろうか？ おそらくそこまでの差はないだろう」

「たしかに」

「さらに言えば、満足度への貢献度で換算した金額だけの問題ではなく、長時間通勤は人間にとって最も貴重なリソースである《時間》をダイレクトに奪う。この影響は深刻だ。別の研究によれば、通勤時間が長くなることによって、睡眠時間や趣味の時間も減るという。それでも君は、勤務地から遠く家賃の安い物件を選びたい？」

「うーん」

「現時点で遠距離通勤を我慢できると考えて契約しても、実際にそれを経験しつづけるのは未来の自分だ、という点にも注意する必要がある。そこには先延ばしに関する時間割引率モデルで表現したものと同じ構造がある。人は一般に、未来に支払うコストを低く見積もる。いまの時点では、大丈夫我慢できると判断しても、その見積もりは甘い可能性が大きい。未来の君は、毎日その長時間通勤のコストを支払わなくていけない。往復で 1 時間余計に、時間を毎日奪われる未来の状態を、現時点で君は本当にリアルに想像できるだろうか？」

青葉は時間割引の話を思い出した。あの話を聞いてからというもの、彼女は自分の短期的な判断を慎重に見直すくせがついていた。

花京院が指摘するとおり、自分が比べていた家賃の差は、通勤時間の増加に見合うほどには大きくないような気がした。そして彼の言うとおり、毎日 1 時間の余裕をその差額で買うほうが得な気がした。

結局青葉は、少し家賃は高いけれど、勤務地に近い物件を選ぶことにし

[*4] 1 ユーロ =133 円で計算

た。その選択が正しいという絶対の自信はなかったが、少なくとも合理的な判断をしたという自負はあった。

だから後悔はなかった。

4月から新しい生活が始まる。

(もうすぐ大学を卒業しちゃうのか……。なんだか、あっという間だったな)

学生生活が終わることを考えると、少し寂しかった。一方で、新生活への期待も膨らみつつあった。

寂寥と希望の複雑なグラデーションが青葉の心を満たしていた。

> **まとめ**
>
> - すべてを観察してから対象を選択できない状況下で、ベストな対象を探す確率を最大化する問題は、『秘書問題』あるいは『結婚問題』として知られている
> - この状況では、全体の36.8%を観察してから、その後、初めて暫定1位を超える対象が現れた時点で選択するという最適停止アルゴリズムが有効である
> - 長い通勤時間は生活満足度を減少させる。通勤時間の増加による満足度の減少を所得に換算すると、その減少度は家賃の割引きによって補うことはできない
> - 応用例:最適停止アルゴリズムは、さまざまな文脈に適応できる。たとえば「いまつきあっている人と結婚すべきかどうか」「マイホームを購入するのに、どの物件を選べばよいか」「新しい人材を採用する際に、どの候補者を選ぶか」などの状況下で選択の目安を与えてくれる

第5章 ● 理想の部屋を探す方法

参考文献

Ferguson, Thomas S., 1989, Who Solved the Secretary Problem? *Statistical Science*, 4(3): 282-289.

> 秘書問題にかんする専門家向けのレビュー論文です。候補者の分布について情報がある場合の、応用的なモデルについても考察しています。本章では、アルゴリズムが成功する確率の最大値を求める計算について参照しました。

Gardner, Martin, 2009, *Sphere Packing, Lewis Carroll, and Reversi: Martin Gardner's New Mathematical Diversions*, Cambridge University Press.（=2016，岩沢宏和・上原隆平（監訳）『ガードナーの新・数学娯楽——球を詰め込む・4色定理・差分法（完全版　マーティン・ガードナー数学ゲーム全集 3）』日本評論社.）

> さまざまな数学パズルを紹介した一般向けの本です。グーゴル・ゲームとその解法についてのコラムが収録されています。ガードナー自身が記しているように、秘書問題が最初に活字で紹介された例として知られています。

Stutzer, Alois and Bruno S. Frey, 2008, Stress that Doesn't Pay: The Commuting Paradox, *Scandinavian Journal of Economics*, 110(2): 339-366.

> 通勤時間の長さが生活満足度に与える負の影響を統計的に分析した、専門家向けの論文です。スタッツァーとフライは主観的幸福感に関する多くの実証研究を刊行しています。

矢野健太郎・田代嘉宏，[1979] 1993，『社会科学者のための基礎数学 改訂版』裳華房．

> 社会科学の理解に必要な、高校〜大学初年度レベルの数学を簡潔にまとめたテキストです。行列・微分積分・確率統計について一とおりの内容を確認したい場合や高校数学の復習に適しています。

第 6 章

アルバイトの配属方法

第6章
アルバイトの配属方法

■ 6.1 どうやって配属すればよいのか

　暗くなる前に会社を出た青葉は、駅前の喫茶店を目指して早足で歩いていた。

　花京院が待ち合わせに指定した場所は、カフェではなく喫茶店という名称がぴったりの古い店だった。雑居ビルの2階で営業しているせいか、客が少なく静かだ。店内に入ると、机の上に専門書を広げた花京院が、コーヒーを片手に計算している姿が見える。店内に置かれた振り子式の柱時計が、控えめな音で午後7時を告げた。

　「おー。花京院くん、卒業式以来だね。元気？」青葉は向かいの席に座った。

　「相変わらずだよ。そっちは？　会社にはもう慣れた？」花京院が顔を上げる。きっと一日中計算を続けていて、誰ともしゃべらなかったのだろう。生身の人間としゃべるのは久しぶり、そんな感じの擦れた声だ。

　「まあ。朝早いのがちょっとつらいかな」青葉は手に持った薄手のコートを椅子の背にかけた。

　「で、相談ってなに？」

　「じつはね、セール期間に向けてうちの会社でアルバイトを雇う予定なんだけど、勤務先が5店舗あって、どこに誰を配属するかを決めなくちゃいけないの」青葉はすぐに用件を切り出した。学生のときほど彼女には時間の余裕がない。

　少し前まで彼女は、アルバイトとして企業に雇われる立場だった。それなのに大学卒業から数ヶ月経ったいまでは、アルバイトを雇用する側の立場にいる。自分自身はなにも変わっていない。なのにいまは正反対の役割を演じ

ている。社会に出るということは、このような非連続的変化を体験することなのだろうか、と彼女は思う。

　一方で、大学院に進学した花京院の生活は、以前と変わらないように見えた。きっと彼は毎日本を読み、そして静かに抽象的な構造を計算しているのだろう。

「何人くらいなの？」

「全部で20人。本社のほうで面接は終わってるから、あとは彼らの希望をもとに店舗に割り当てるだけ」

「クジで適当に決めたらいいんじゃないの？」花京院は興味なさそうに、読みかけの専門書に再び視線を戻した。

「去年、店舗側の都合だけを聞いて適当に配属先を決めたら、契約期間の途中で辞めちゃう人がいたんだって。だから、なるべく勤務者の希望をかなえるようにって、先輩から念を押されてるの」青葉はため息をつく。

「だったら、最初から店舗ごとに必要人数を採用すればよかったのに」花京院がもっともらしい意見を述べた。

「そりゃそうなんだけど、販売店も忙しくて、個別に採用面接をやる暇がないのよ。だから本社で一括採用したってわけ。ここに新規採用者と希望先のリストがあるから、なるべく彼らの希望をかなえた組み合わせをつくる方法を教えてほしいの。お願い」青葉はノートPCを開くと、スプレッドシートを開いて花京院に見せた。

　はじめは興味なさそうに画面を眺めていた彼だったが、画面をスクロールした先で興味深い情報を発見した。花京院の目の光が鋭さを増した。

「……なるほど。勤務可能時間のデータを使えば、店舗ごとにアルバイトに対する選好が決定できるね。これならDAアルゴリズムが使えそうだ」花京院は鞄から計算用紙を取り出した。

「このデータには、どの店舗で働きたいかというアルバイトの希望と、各店舗から見てどのアルバイトが望ましいかという両方の情報が含まれている。後者は少しだけデータを加工して計算しないといけないけどね。この2つを使えば、DAアルゴリズムで店舗への割り当てを決めることができる」

「ディーエーアルゴリズム？」

「Deferred Acceptance アルゴリズム。受け入れ保留っていう意味だよ。デヴィッド・ゲールとロイド・シャプレーが考案したアルゴリズムで、彼らの頭文字をとってGSアルゴリズムとも呼ばれている。この場合、アルバイ

ト側 DA アルゴリズムは、アルバイトにとって最適な安定マッチングを実現し、アルバイト側耐戦略性を持っている。つまりアルバイトは、正直に自分の希望する店舗を表明するだけでいいんだ」花京院は早い口調で一気に説明した。

「ちょっとなに言っているかわからない」青葉は片方の眉をつり上げた。

「直感的に言えば、DA アルゴリズムを使うと、アルバイトの希望をなるべく聞いたうえで、安定的な組み合わせをつくることができる。耐戦略性の意味は、アルバイトが希望先を偽ったとしても得をしないってことだよ」

「へえー。そういうことかー。最初からそう説明してくれればいいのに。でもさあ、安定的ってどういう意味?」

「簡単に言うと……、いや簡単に言うのは難しいな。安定性の定義のまえに、《選好》の定義から説明しよう」

6.2 選好とはなにか

「まずアルバイトの集合を

$$N = \{1, 2, 3\}$$

で表す。そして店舗の集合を

$$S = \{A, B, C\}$$

とする。次に店舗に対するアルバイトの好みを表す記号を定義する。たとえば、アルバイト i が店舗 A を店舗 B より好むことを

$$A \succ_i B$$

と書く[*1]」

「なんなの? このぐにゃぐにゃした $\succ_i$ っていう記号。$>$ とは違うの?」青葉は初めて見る記号に拒否反応を示した。

「$>$ は数字の大小を表す場合に使うけど、この記号 $\succ_i$ はどっちが好みかを表すんだよ。添え字の i がポイントなんだ。つまりこれは i 専用の不等号なんだよ」

[*1] 単純化のため、対象が無差別である場合と 1 人でいることを望む状態は考えないことにします

「i 専用かー。シャアザクみたいだね」

「ザクといえば、君はザクとグフ、どっちが好き？」

「うーん、難しい選択ね……。やっぱりグフかな。ザクとは違うのだよ、ザクとは」

「僕はザクのほうが好きだよ。カラーリングが戦車みたいで渋いから」

「花京院くんはガンダム見たことないんでしょ。違いわかるの？」

花京院は作品としてガンダムを見たことはなかったが、なぜかモビルスーツの種類にだけは詳しかった。

「2人のモビルスーツの好みを表すとこうなる」

$$\text{グフ} \succ_{\text{青葉}} \text{ザク}, \quad \text{ザク} \succ_{\text{花京院}} \text{グフ}$$

「この記号で、同じ対象に対する個人の好みの違いを表現できるんだ」

「なるほどー、数字の組に対して $>$ の向きは一定だけど、$\succ_i$ は i によって違ってもいいんだね」

「そういうこと」

定義 6.1（選好）

個人 i が持つ、対象への好ましさの順序を《選好》と呼び、記号 $\succ_i$ で表す。選好は推移性を満たす。すなわち、

$$A \succ_i B \text{ かつ } B \succ_i C \text{ ならば } A \succ_i C$$

が成立する。また、まとめて $\succ_i : ABC$ と書いた場合には、$A \succ_i B$ かつ $B \succ_i C$ を意味する。

「この選好にもとづいて、アルバイトと店舗のマッチングをつくる。マッチングとはアルバイトと店舗の組み合わせのことで、たとえば

$$(1, A), (2, B), (3, C)$$

というペアを意味する。また

$$(1, C), (2, A), (3, B)$$

も、マッチングのひとつだよ。アルバイトの希望をかなえるには、どんなマッチングをつくればいいか？ というのが君が抱えている問題だ」

6.3 DA アルゴリズム

「では、アルバイト $\{1, 2, 3\}$ を店舗 $\{A, B, C\}$ へと割り当てる DA アルゴリズムを説明しよう。アルバイトと店舗がそれぞれに選好を次のように持っていると仮定する。アルバイトの選好が左側に、店舗の選好が右側に書いてあるよ」花京院が計算用紙に図を描いた。

```
         アルバイト              店舗
    ≻₁: BAC    ①           Ⓐ   ≻_A: 123
    ≻₂: ACB    ②           Ⓑ   ≻_B: 213
    ≻₃: BCA    ③           Ⓒ   ≻_C: 321
```

「ちょっと待って。アルバイトの人がどの店で働きたいかっていう選好を持つのはわかるけど、店舗側は、どういうふうにしてアルバイトに対する選好を決めるの？」

「さっき見せてもらったデータによると、人によって希望する勤務時間が違うから、店舗によって 1 番より、2 番のほうがシフトを組むうえで都合がいいってことがありえる。そういう情報をもとに、店から人への選好を決めるんだよ」

「あ、そういうことか」

「他に気になるところある？」花京院が聞いた。

「えーっと、細かいことなんだけど。店舗によっては 2 人以上のアルバイトが勤務するから、こんなふうに 1 対 1 にならない場合もあるんだけど……。それは考えなくていいの？」青葉が疑問点を指摘した。

「たしかに現実では、一つの店舗が複数人のアルバイトを雇う。ただし 1 対 1 マッチングの考え方は 1 対多マッチングに拡張できるから、問題はない。アイデアの本質はこの単純例で説明できる。単純化の原則は覚えてる？」

「えーっと、最初のモデルはなるべく単純に考えるってやつ？」

「そういうこと。はじめはなるべく単純な、それでいて本質的な構造を抽出した例を考え、あとで一般化すればいい。では第 1 ステップだよ。まず各

アルバイトが第 1 希望の店舗をそれぞれ表明する」

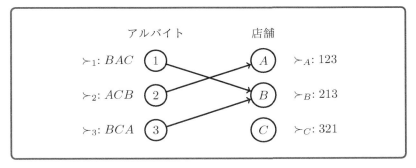

「第 1 希望を表明した時点で、店舗 B には 2 人の応募者がいる」
「どっちを選んだらいいの？」
「店舗 B は 1 と 3 から好ましいほうを選べばいい。店舗 B の選好を確認してみると
$$\succ_B: 213$$
だから、3 より 1 を好む。よって店舗 B は 3 からの申し出を断る。断わられた 3 からの矢印は消しておこう。店舗 A は 2 だけから希望があったので、ひとまず 2 を保留する。すると図はこうなる」

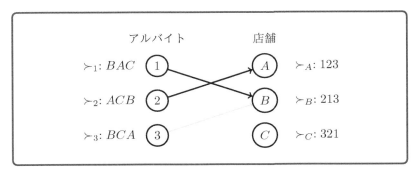

「店舗 B が 3 からの申し出を断ったので、3 からのパスは薄くしたよ。断られた 3 は、次に望ましい店舗 C に申し込む」花京院が新しい線を描きこんだ。

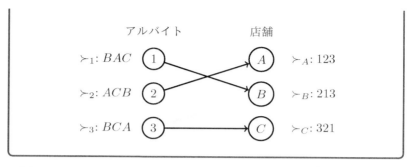

「すると1対1の組み合わせが完成するので、ここでマッチングは終了する。できあがった組み合わせは

$$(1, B), (2, A), (3, C)$$

だよ。もし第2ステップ以降に一つの店舗に対して複数の申し込みがあった場合は、最も望ましいアルバイトを1人だけ保留して、残りは断る。断られた者は次に望ましい相手に申し込む。最終的にマッチングが確定するまでこれを繰り返す」

「うん。やり方はわかった。紙に番号を書いて、線をつなげば簡単だね」

「紙に書く場合には、断った相手からの線を消すのがポイントだよ。そうしないと混乱するからね。DAアルゴリズムの手順を確認しておこう」

1. 各アルバイトが第1希望の店舗へと申し込む
2. この時点で1対1マッチングが完成したら、そこで終了。完成しない場合は次に進む
3. 2名以上から申し込まれた店舗がある場合、その店舗は申込者のなかで一番望ましい人を残し、その他の人は断る
4. 希望先から断られたアルバイトは次に希望する店舗へ申し込み、手順2に戻る（第k希望が断られたら第$k+1$希望へ申し込む）

6.4 マッチングの安定性

マッチングという概念を正確に定義しておこう。

アルバイトと店舗の選好の組を、添え字のない記号 $\succ$ を使って

$$\succ = (\succ_1, \succ_2, \succ_3, \succ_A, \succ_B, \succ_C)$$

と書く。マッチング m は、申し込みをする者と申し込まれた店の対応を定義する関数であり、

$$m = (m(1), m(2), m(3), m(A), m(B), m(C))$$

という記号で、誰がどの店舗と組み合わせになるかを示す。

たとえばアルバイト 1 にとって $m(1) = A$ は、マッチング m により、自分が働く店舗が A に決まったことを意味する。逆に店舗 A にとって $m(A) = 1$ は、そこで働くアルバイトが 1 であることを意味する。このようにマッチングは、ペアとなる相手を対応させる関数なので、

$$m(1) = A \text{ と } m(A) = 1 \text{ は同値}$$

であることが定義だよ[*2]。

ここで、さまざまなマッチングの中で、どのマッチングがより望ましいのか？ という問題を考えてみよう。

先ほどと同じように選好が

$$\succ_1: BAC \quad \succ_A: 123$$
$$\succ_2: ACB \quad \succ_B: 213$$
$$\succ_3: BCA \quad \succ_C: 321$$

であると仮定する。

いま、DA アルゴリズムとは異なる方法によって、次のような組み合わせが実現したと仮定する。

$$(1, A), (2, C), (3, B).$$

「はたしてこのマッチングはよいマッチングと言えるだろうか？」花京院が聞いた。

「うーん、どうなのかな。1 と 2 は第 2 希望と、3 は第 1 希望とマッチングしているから、アルバイト側の希望はそれなりにかなえているように見えるけど……」

[*2] $m(1) = A \implies m(A) = 1$ かつ $m(A) = 1 \implies m(1) = A$ が成立するとき、$m(1) = A$ と $m(A) = 1$ は同値である、といいます

「試しに、アルバイト 1 と店舗 B の選好について調べてみよう。アルバイト 1 にとっては

$$B \succ_1 A$$

が成立しており、店舗 B にとっては、

$$1 \succ_B 3$$

が成立している。これは次のことを意味する。

　　1 は現在の相手である A よりも B がいい
　　B は現在の相手である 3 よりも 1 がいい

　つまり、1 と B は現在の相手を捨てて、新しい組み合わせ $(1, B)$ をつくることを望んでいる。
　このことを、$(1, B)$ は現在のマッチングを《ブロックする》という」

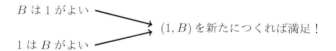

「新たな組み合わせによって、現在のマッチング m がブロックされることは、m が不安定であることを意味する。逆に言えば、ブロックされない場合にマッチングは安定的といえる」

定義 6.2 (安定性)
マッチング m が選好 $\succ$ のもとで安定的であるとは、どのような (i, j) によっても m がブロックされないことである。m がブロックされる場合、m は不安定であるという。

「これが安定性の定義かー。たしかにややこしいな」
「意味は大丈夫?」花京院が聞いた。
「ようするに、いまの組み合わせより、もっといい組み合わせがあるとダメってこと?」
「その表現だと少し不正確だ。《お互いに現在の相手よりもよいと考えている者同士が新たなペアをつくって、現在のマッチングから逸脱する誘因があ

ること》が《不安定》の定義だよ。単にペアの片方が、現在の相手よりも望ましい相手が別に存在する状態だとしても、それを不安定とは呼ばない」

「ちょっとなに言ってるかわからない」

「一番はじめの例で、DA アルゴリズムが実現したマッチングについて考えてみよう。結果のマッチングは

$$(1, B), (2, A), (3, C)$$

だった。このときアルバイト 3 は、現在のマッチングの相手である C よりも B のほうがいいと思っている（なぜなら 3 の選好は $\succ_3: BCA$ だから）。けれども店舗 B は現在マッチしているアルバイト 1 を 3 より望ましいと考えているから（B の選好は $\succ_B: 213$）、B には現在のペアを解消して 3 とペアを組み直す誘因がない。この場合は不安定ではないってこと」

「そっかー。片思いじゃダメなんだ。アルバイトか店の片方の都合だけじゃなくて、両方の都合を考えないといけないんだね」

■ 6.5　DA アルゴリズムの安定性

「いま説明した例は偶然じゃなくて、常に成立する。次の性質が重要だ」

> **命題 6.1**
> DA アルゴリズムは必ず安定的なマッチングを実現する

「人々の選好がどんなものであれ、DA アルゴリズムによってペアをつくると、そのマッチングは必ず安定的になる。強力な命題だよ」

「どうしてそうなるのかな」青葉が質問した。

「まずは具体例で考えてみよう。いま

$$(1, A)$$

というペアが DA アルゴリズムによって実現したとする。このときアルバイト 1 が A よりも B を選好していると仮定する。つまり

$$B \succ_1 A.$$

必ずしも第 1 希望の相手とペアが組めるわけじゃないから、1 がこのよう

な選好を持つ可能性はある。さて、DA アルゴリズムの手順から考えると、1 は A の前に B に申し込みをしていたはずだ」

青葉は DA アルゴリズムの手順を確認した。たしかに花京院の言うとおりだった。第 1 希望から順に申し込むのだから、$B \succ_1 A$ なら、1 は A の前に B に申し込んでいるはずだった。

「でも結果的に $(1, A)$ というペアが実現したということは、B が 1 を断ったことを意味する」

「そうだね。断らなかったら $(1, B)$ になってるはずだよ」

「B は 1 を断った結果、1 よりも望ましい相手と最終的にはペアになっている。つまり DA アルゴリムの結果、B は必ず 1 よりも望ましい相手とペアになっているから、その相手を捨てて 1 に替える誘因がない。だから 1 は B に振られるというわけ」

「ほんとだ」

「この例を一般化して、《DA アルゴリムが安定的マッチングを導くこと》を証明しよう」

───────────────

DA アルゴリズムによって実現したマッチングを m とおく。m が安定的であることを示すには、どんなペア (i, j) を考えても、m をブロックできないことを示せばよい。

ところで、(i, j) が m をブロックするとは

$$j \succ_i m(i) \text{ かつ } i \succ_j m(j)$$

が成立することをいう。言い換えれば

$$j \succ_i (\text{マッチング } m \text{ のもとでの } i \text{ の相手})$$

かつ

$$i \succ_j (\text{マッチング } m \text{ のもとでの } j \text{ の相手})$$

であるとき、m は (i, j) によってブロックされる。

そこで、前半の $j \succ_i m(i)$ だけ成立すると仮定して、マッチング m のもとでは後半の $i \succ_j m(j)$ が同時に成立しないことを示す。

まず $j \succ_i m(i)$ と仮定する。つまり i にとって、マッチング m のもとでの相手 $m(i)$ よりも j のほうが望ましいとする。

6.5 DAアルゴリズムの安定性

すると j は DA アルゴリズムのどこかのステップで、i の申し出を断っている。i を振ったステップで j は i よりも望ましい相手として、$k \succ_j i$ であるような k をキープしている（ここで k は、i とは異なる人を表している）。

DA アルゴリズムの手続きによって、j の最終的な相手 $m(j)$ は k か、k より望ましい相手になっている。もし $m(j)$ と k が一致するなら、$k \succ_j i$ より $m(j) \succ_j i$ が言える。また $m(j)$ が k よりも望ましい相手ならば

$$m(j) \succ_j k \succ_j i$$

だから、途中に挟まれた k を省略すれば

$$m(j) \succ_j i$$

である。つまり、どちらの場合でも $m(j) \succ_j i$ が成立する。

このことは、j が現在の相手 $m(j)$ を捨てて、i に乗り換える気がないことを意味する。

さて、(i, j) がマッチング m をブロックするためには、

$$j \succ_i m(i) \text{ かつ } i \succ_j m(j)$$

でなければならなかった。ところが、$j \succ_i m(i)$ を仮定すると、反対の $m(j) \succ_j i$ が導かれることがわかった。ゆえに、$j \succ_i m(i)$ と $i \succ_j m(j)$ が同時に成立することはない。

よって (i, j) は、DA アルゴリズムの結果であるマッチング m をブロックできない。いま (i, j) の選び方は任意だったから、この論証により、どんな (i, j) でも m をブロックできないことが示された。したがって、マッチング m は安定である。

「うーん、具体例ならわかるんだけど、一般化すると難しいなー」

「人間の頭は具体例を一般化することは得意だけど、その逆は不得意なことが多い。だから一般的な命題を証明する場合には、まず具体例を考えてから、それを一般化するといいよ」

6.6 どちらにとって最適か?

「よーし、DA アルゴリズムのやり方はわかったよ。これを使ってアルバイトと店舗のマッチングを考えればいいんだね」

「ただし、アルバイト側から申し込む場合と、店舗側から申し込む場合で結果が異なることがあるから注意してね」

「え、どういうこと？」青葉の表情が曇った。

「ここまでの話だと、アルバイトから店舗に向かって申し込みをしたけど、逆に店舗側からアルバイトに向かって申し込みをすると、マッチングの結果が異なる場合があるんだ」

「じゃあ、逆から申し込むと安定しないの？」青葉が首をひねった。

「そうじゃないよ。さっき証明したとおり、DA アルゴリズムは必ず安定的なマッチングを達成する。まずは、同じ選好を仮定して、店舗側から申し込むと結果がどうなるのかを確認しておこう。初期状態はこうだったね」

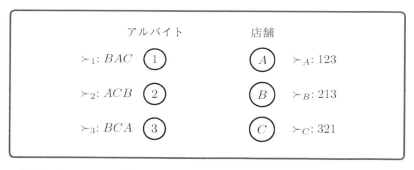

「今度はアルバイト側からではなく、店舗側から第 1 希望のアルバイトにアプローチする」

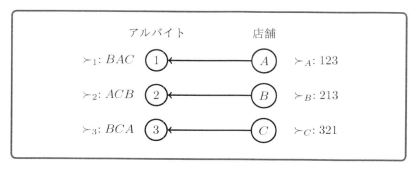

「あれ？ どこもダブってないね」青葉が不思議そうに言った。

「そう。たまたま第 1 希望が重ならなかったのでマッチングは終了だ。重要なのは、《店舗側申し込みの結果》と《アルバイト側申し込みの結果》が異なることだよ。仮定と結果をまとめよう」

アルバイトと店舗の選好

$$\succ_1: BAC \quad \succ_A: 123$$
$$\succ_2: ACB \quad \succ_B: 213$$
$$\succ_3: BCA \quad \succ_C: 321$$

アルバイト側から申し込んだ場合の DA アルゴリズムの結果

$$(1, B), (2, A), (3, C)$$

店舗側から申し込んだ場合の DA アルゴリズムの結果

$$(1, A), (2, B), (3, C)$$

「店舗側から申し込んだ場合も安定的なんだよね？」

「どちらから申し込んでも、DA アルゴリズムなら結果は安定的だよ」

「そっかー。両方とも安定的なのか。じゃあどっちを使えばいいのかな？」

「いまの例が示すように、安定的なマッチングは 1 種類とは限らない。DA アルゴリズムはアルバイト側から申し込む場合と店舗側から申し込む場合とで、一般には異なる結果をもたらす。もちろん両者がたまたま一致する場合もあるけれど、一般的には一致しない。DA アルゴリズムは

1. アルバイト側から申し込む場合、アルバイトにとって最適な安定的マッチングをもたらす
2. 店舗から申し込む場合、店舗にとって最適な安定的マッチングをもたらす

という性質をもつ」

「最適ってどういう意味？」

「アルバイトにとって現在の安定的マッチングが《最適である》とは、すべてのアルバイトにとって、現在の相手が、他の安定マッチングでペアになる相手と同じか、より望ましい相手になっているという意味だよ。店舗側に

とっての最適はその逆。具体例で確かめてみよう。次のような 2 つのマッチング m_1, m_2 があると仮定する」

アルバイト側から申し込んだ場合の DA アルゴリズムの結果

$$m_1 = ((1, B), (2, A), (3, C))$$

店舗側から申し込んだ場合の DA アルゴリズムの結果

$$m_2 = ((1, A), (2, B), (3, C))$$

「m_1 の結果はすべてのアルバイトにとって m_2 と同じか、より望ましい相手とペアになっているはずだ。まず 1 から確認してみよう。1 は

$$m_1 \text{では } B \text{ と、} m_2 \text{では } A \text{ とペア}$$

になっている。$B \succ_1 A$ だから、m_1 のほうが望ましい。

次に 2 は

$$m_1 \text{では } A \text{ と、} m_2 \text{では } B \text{ とペア}$$

になっている。$A \succ_2 B$ だから、m_1 のほうが望ましい。

最後に 3 は、m_1 でも m_2 でも相手が変わらない。よってアルバイト全員にとって、m_1 の結果は m_2 と同じか、より望ましい結果になっていることがわかった。逆に店舗側にとっては、m_2 の結果は《m_1 よりもよいか、同じ》になっているよ。確かめてごらん」

花京院にうながされて青葉は、店舗側の選好を確かめた。彼の言うとおり、店舗側にとって m_2 のほうが望ましいことがわかった。

「ほんとだ。……ってことは、安定的で、アルバイトにとって最適なマッチングをつくるには、アルバイトから申し込む DA アルゴリズムを使えばいいんだね」

「そのとおり」

6.7 パレート効率性

「マッチングの望ましさを評価する基準として、安定性よりも弱い《パレート効率性》という基準も存在する。パレート効率性は社会状態を比較する基

本概念のひとつだし、マッチング以外でもいろんな文脈で登場するから、覚えておくといいよ」

「その《パレート効率性》っていう概念、大学の講義で何度も聞いたけど、結局、意味がわからないまま卒業しちゃったなー」

「わからないって自覚があるなら全然いいよ。パレート効率性の定義は、少し複雑だから、理解するのにコツが必要だね。簡単な例を使って説明しよう」

まず、僕たち 2 人になんらかの利得が与えられた状態を考える。たとえば

$$\begin{array}{cc} \text{花京院} , & \text{青葉} \\ (1 \quad , & 1). \end{array}$$

このような利得の並びを配分という。配分 $(1,1)$ と別の配分 $(2,2)$ を比較する。

$$(1,1) \to (2,2).$$

$(2,2)$ では $(1,1)$ と比べて、2 人とも利得が 1 ずつ増加している。このとき配分 $(2,2)$ は配分 $(1,1)$ をパレート支配する、という。

そして、ある配分 x をパレート支配する配分が存在しない場合、その配分 x を《パレート効率的》という。逆に、パレート支配されるとき、もとの配分 x はパレート効率的でない、という。

たとえばいま、社会状態として配分が

$$(1,1), (2,2), (4,5)$$

の 3 種類しかないと仮定する。

すると $(1,1)$ という状態は、$(2,2)$ あるいは $(4,5)$ という配分によってパレート支配されるから、パレート効率的でない状態だといえる。

また、$(2,2)$ という状態は、$(4,5)$ という配分によってパレート支配されるから、やはりパレート効率的ではない。

3 つの配分の中でパレート効率的なのは $(4,5)$ のみだ（仮定より、社会状態が 3 種類しかないから）。

パレート支配される配分は、誰にとっても望ましくないので、社会状態を評価する基準の一つとして、このパレート効率的という概念がしばしば用いられる。

では、まとめよう。まず、普通の言葉による直感的な定義。

> **定義 6.3 (パレート支配)**
> 全員の利得を上げる配分は、もとの配分をパレート支配するという。
>
> **定義 6.4 (パレート効率性)**
> パレート支配されない配分をパレート効率的という。

次に、記号を使ってより正確に定義する。個人の集合 $\{1, 2, \ldots, n\}$ に対して配分 x, y を

$$x = (x_1, x_2, \ldots, x_n), \quad y = (y_1, y_2, \ldots, y_n)$$

と定義する。配分は個人の利得を表しており、大きいほど望ましいと仮定する。

> **定義 6.5 (パレート支配)**
> 配分 y が配分 x をパレート支配するとは
>
> $$\text{すべての } i \text{ について} \quad y_i > x_i$$
>
> を満たすことである。
>
> **定義 6.6 (パレート効率性)**
> 配分 x がパレート効率的であるとは、x をパレート支配するような別の配分 y が存在しないことである。すなわち
>
> $$\text{すべての } i \text{ について} \quad y_i > x_i$$
>
> を満たすような配分 $y = (y_1, y_2, \ldots, y_n)$ が存在しないことである。

「なるほどー。ようやくパレート効率性の考え方がわかった気がする」

「テキストによっては、パレート効率性ではなく、パレート最適性と呼んでいるけど、意味は同じだよ」

「パレート効率的な状態なら、みんな納得するんだね」

「そんなことないよ」花京院はあっさり否定した。

「だって、それ以上に改善しようがないんでしょ？」青葉は納得しなかった。

「じゃあ例として、ここにある 100 円をあまりを出さずに 2 人で分けてみよう」そう言って花京院は、財布から 100 円玉を取り出した。

「この 100 円を君と僕で分けるには、いろんなパタンがある」

「そうだね」青葉は 100 円玉をじっと見た。

「仮に僕が《99 円を僕がもらい、1 円を君にあげる》っていう配分を提案したとしよう。この配分はパレート効率的だと思う？」

「え、そんな不公平な分け方、パレート効率的なわけないじゃん。だって……、あれ？ あまりを出さないってことは、私の取り分を増やすと、花京院くんの取り分が減っちゃうのか。あれれ。ってことは、2 人の利得が増えるような配分はないってこと？ じゃあ (99, 1) はパレート効率的な配分なの？」

「定義上はそうなる」花京院は冷静に言った。

　　合計が 100 円になるどんな配分も、(99, 1) をパレート支配できない

「あるいは、こうも言える」

　　合計が 100 円になるどんな配分も、すべてパレート効率的である

「うーん、そうかー。たしかに、こうやって考えると、パレート効率的でもみんなが納得しないことがあるね」

「パレート効率性は、公平さには何も配慮しない。《パレート効率》の意味はわかったかな？ 以上のことをふまえて、マッチングにおけるパレート効率性を次のように定義する」

定義 6.7 (マッチングのパレート効率性)

あるマッチング m がパレート効率的であるとは、次の条件を満たす別のマッチング m' が存在しないことである。

　　すべての i について、$m'(i) \succ_i m(i)$.

「でも、どうしてマッチングの効率性をわざわざ定義したの？」

「安定なマッチングは必ずパレート効率的なんだよ」

> **命題 6.2**
> 安定的なマッチングは必ずパレート効率的である

「へえー、DA アルゴリズムって、単純な割には、いろんないい性質を持ってるんだね」

「そこがこのアルゴリズムの素晴らしい点だと思う。シンプルで誰でも理解できる方法でありながら、強力な結果を保証してくれる。まさにアルゴリズムの鏡とも言うべき方法だ。このアルゴリズムは現実の社会において幅広い応用可能性を持っているんだよ。よく知られている例としては

　　　　研修医と病院のマッチング
　　　　学生と学校のマッチング
　　　　新入社員と配属部署のマッチング
　　　　インターンと企業のマッチング

などがある」

「へえー。そういえば私が文学部に入学したとき、第 1 希望の研究室は心理学だったのに、希望とはぜんぜん違う数理行動科学研究室に配属になったよ。あれも DA アルゴリズムだったのかな？」

「学生と学部や研究室のマッチングに DA アルゴリズムを採用している大学は実際にあるよ。うちの大学はわからないけど。DA アルゴリズムのもう一つの利点は、虚偽の選好を表明するインセンティブがないってところなんだ」

「きょぎのせんこう？」

「つまりね、

　　　どうせ第 1 志望の研究室は人気が高くて自分は入れないだろうから、
　　　あえて 2 番目に志望している研究室を第 1 志望だと嘘をつく

という戦略が得をしないってことだよ。DA アルゴリズムで割り当てる場合は、正直に自分の選好を表明すればいいんだよ」

「そっかー。今度会社で使えそうな場面に出くわしたら試してみるよ」

6.8 才能

「……それにしても、花京院くんには、いつも相談に乗ってもらって悪いね」青葉が急に口調を変えた。

「どうしたの？ また財布持ってくるの忘れたの？」

「学生のときからさ、いつも花京院くんに教えてもらってばかりだなあと思って。私は助かってるけど、花京院くんにはメリットがないかなって」

「なんだ、そういう意味か」

「ふと、申し訳ないかなって」

「全然。君になにかを説明するとき、いつも僕自身にとって新しい発見がある。自分自身の理解が曖昧だったことに気づかされたり、それまで見過ごしていたことを発見したりする。だから僕も君から教えてもらっているんだよ。それに、たまには人としゃべらないとおかしくなるから、ちょうどいいんだ。僕のほうこそ、君にお礼を言いたい」

青葉にとってその言葉は意外だった。

「でも、私が議論の相手じゃものたりないでしょ」

「そんなことないよ。自分では気づいてないかもしれないけど、君には才能があるよ」

「え？ ほんとに？ 私、計算とかめっちゃ苦手だよ」

「そういうことじゃないんだ。前にも言ったと思うけど、君はわからないことはすぐわからないって言えるし、そのことをずっと覚えている」

「まあそうかな。気になるんだよね」

「そういうの、才能だよ。君はわかってないことをちゃんと自覚して、そのことを忘れずにずっと維持できてる。それって才能なんだよ」

「そんなものかなあ」

「そうだよ」

青葉は花京院の言葉を鵜呑みにはできなかった。自分に数理的な思考の才能があるとは、とうてい信じられなかった。

ただ、自分との会話を彼が無駄に感じてはいないことを知って、彼女は少し嬉しく思った。

> **まとめ**
>
> - アルバイトを店舗に配属させる方法として DA アルゴリズムが有効である
> - DA アルゴリズムは安定的なマッチングを実現する
> - このアルゴリズムは、アルバイト側から申し込む場合と、店舗側から申し込む場合とで、一般的には異なる結果を生む。ただし、どちらも安定的である
> - マッチングが安定的であるとは《お互いに現在の相手を捨てて新たにペアをつくったほうがよい》というペアが存在しないことである
> - 応用例:DA アルゴリズムは人同士のマッチングだけでなく、《個人とグループ》や《人と役職》や《人とモノ》のマッチングに対しても適用できる。また本章の例では 1 対 1 マッチングを考えたが、1 対多マッチングの状況でも適用できる

参考文献

船木由喜彦,2004,『演習ゲーム理論』新世社.

> 非協力ゲームと協力ゲームをバランスよく解説した大学生向けのテキストです。マッチングがゲーム理論の枠組みでは協力ゲームに分類されることや、安定マッチングが協力ゲームの解概念であるコアに相当することを、具体例を用いてわかりやすく説明しています。DA アルゴリズムやパレート効率性について参照しました。

Gale, David and Lloyd Shapley, 1962, College Admissions and the Stability of Marriage, *The American Mathematical Monthly*, 69: 9-15.

> ゲールとシャプレーが初めて DA アルゴリズムを発表した論文です。わずか 6 頁で、必要な概念と定理の証明を簡潔に述べています。

坂井豊貴,2010,『マーケットデザイン入門——オークションとマッチングの経済学』ミネルヴァ書房.

オークションとマッチングについて丁寧に解説した初学者向けの経済学のテキストです。TTCアルゴリズムや複数財オークションなど、さまざまな興味深いモデルを紹介しています。このテキストでは、同程度に好むことを考慮した、より一般的な選好にもとづいて理論を解説しています。本章では、DAアルゴリズムとマッチングの安定性の証明について参照しました。

第7章

売り上げをのばす方法

第 7 章
売り上げをのばす方法

■ 7.1 会議

　アパレルメーカーの会議室では、結論の出ない不毛なおしゃべりが続いていた。

　本来ならば、この会議に新入社員の青葉が出席する必要はない。彼女がここにいる理由は、ジョブトレーニングの一環として、企画の現場を見学するためだった。そのために彼女は、発言の機会もない会議に朝からずっと参加している。複数のオンライン直販サイトのデザインから、売り上げ増に貢献しそうな案を選択する作業は難航していた。

　話を聞きながら、青葉は違和感を覚えていた。話し合ったところで決まらないことを、ただ時間をかけて検討しているフリをしているだけではないか。自分よりも見識も経験もある大人たちが、意味のないことを儀礼的に続けているのではないか。もしかしてこれは、自分の忍耐力を試すためだけに行なわれている芝居ではないのか。そんなことさえ彼女は考えはじめていた。

　青葉はそっと壁掛け時計で時間を確認した。会議室にいる人間は誰一人として、これ以上は時間の無駄だからやめましょうとは発言しない。まるでそれが大人の分別であるかのように。時刻はすでに 12 時を回っている。ようやく座を仕切っていた課長が、昼休みだから一旦きりあげよう、と宣言して会議の終了を告げた。

　そのときふと、青葉は花京院のことを思い出した。花京院ならば、この場でどういう提案をするだろうか。彼ならば問題を解決する最も効率的な方法を提案して、名目的な会議などさっさと終わらせるのではないか？ そんな

考えが頭に浮かんだ。

「結論が出なかった複数の案については、比較試験をして、その結果を見て決めたらどうでしょう」気づいたときには、青葉は自分の考えを口に出していた。不毛な会議からやっと解放された、という安堵で気がゆるんだのかもしれない。勝手に口から出た言葉に青葉自身が驚いていた。

新人が発言するとは思っていなかったので、会議のメンバーもまた彼女の発言に驚いていた。しかし結局、青葉の提案は黙殺された。彼女の提案は暗に、《無駄な会議はやめて、データにもとづいて判断しよう》という内容だったからだ。長時間会議を続けてきたメンバーにしてみれば、おもしろくない発言だったのだろう。

会議室を出た瞬間、青葉は一人の先輩社員に呼び止められた。彼は青葉の新人研修を担当する社員だった。

「困るなあ。君はただ議事録をとってくれればいいんだよ。余計な仕事が増えるようなことは言わないでくれ」そう言い残すと彼は去っていった。

（私、なにか間違ったこと言ったかな？）

7.2　ランダム化比較試験

「こんなことなら、学生時代にもうちょっとまじめに勉強しておくんだったよ。社会人って、時間がなさすぎ」

駅前の喫茶店は相変わらず客が少ない。仕事帰りに青葉が立ち寄ると、花京院はいつものように専門書を眺めながらコーヒーを飲んでいた。

「なにか悩みでも？」花京院が本から目を離さずに聞いた。

「このあいだ、オンライン直販サイトの企画会議に陪席した、っていう話はしたでしょ」

「バイセキ？　なにそれ。外積とか内積の一種？」

「研修で会議を見学してたんだよ。そこで思わず、どっちの案がいいのか話し合っても決まらないから、比較試験して決めませんか？　って提案しちゃったんだ」

「ふーん。まっとうな提案だ」

「でしょ？　でも先輩に、余計なことするなって言われちゃってさ。なんか腹立つから、比較試験の方法を調べてたんだ」

「最近はどの企業でも A/B テストが流行ってるみたいだね。で、やり方は

わかったの?」

「ネットに解説サイトがいっぱいあるから一とおりは読んだよ。ようするに、デザインAのサイトを見た顧客とデザインBを見た顧客のグループを分けておいて、その売り上げの平均値を比較して、売り上げが高かったほうのサイトデザインを採用すればいいんでしょ? だから、来月1週目を従来どおりのデザインでデータをとって、第2週目から新しいデザインに切り替えて比較しようと思うんだ」

花京院は読んでいた本を閉じた。

「それだと割り当てがランダムじゃない……。処置以外の影響要因が混ざる可能性がある」

「え? ダメなの?」

「従来のサイトを見た集団と新しいデザインを見た集団では、サイトを見た時期が異なる。すると、集団の性質そのものが変化している可能性があり、デザイン以外の要因で売り上げの差が生じるかもしれない」

「どういうふうに?」

「たとえば、調査を実施する時期がたまたまボーナスの時期で、2週目にボーナスが支給されたとする。すると2週目に測定した集団のほうが一時的に可処分所得が増加しているから、商品を購入する可能性が高くなる。すると新しいデザインを見た人たちの平均売り上げ額が従来のデザインを上回ったとしても、その結果がサイトデザインの違いによるものなのか、ボーナスの支給で購買意欲が増したことによるものなのか、区別がつかない」

「そっかあ、じゃあ給料日前後とかボーナス支給前後は避けたほうがいいね」

「避けたほうがいいのはもちろんだけど、時期を気をつけたとしても、購買に影響するような突発的なイベントまでは予測できない。もしかすると大規模な自然災害が起こったり、株価が暴落・急上昇する可能性だってある。だから、どちらのデザインを見せるのかという割り当ては、同じ時期にランダムに行なう必要がある。A/Bテストの統計学的な呼び名はランダム化比較試験(randomized controlled trial)だよ。ランダム化したうえで、処置を受ける群と受けない群をコントロールすることが大切だ。《新しいデザインを見せる》のほかにも《新薬を飲む》《補習を受ける》など、被験者に対する効果を知りたい条件を一般に、処置(treatment)という」

「うーん。その話を聞いたことはあるんだけど、じつはよくわからないん

だよね。どうしてランダム化しなくちゃいけないの？」

7.3 ランダム化が必要な理由

「逆に、どういう条件でならランダム化が不要なのかを考えてみよう。たとえば僕らが、鉄に塗ると錆を防止できる防錆剤サビナーイを開発中だとしよう。この場合、大きさや形状や密度がまったく同じ鉄の試験体を用意して、片方にはサビナーイを塗り、もう片方にはなにもせずに、同じ条件下で放置して結果を比較すればいい。このとき、処置を施した試験体のほうが錆が少なければ、サビナーイは錆の発生を抑制したと考えられる。どうしてだかわかる？」

「えーっと、用意した鉄が同じだから？」

「そういうこと。鉄だったら、かぎりなく同じ品質のモノを準備できる。2つの試験体の結果に差があるとしたら、サビナーイを塗ったかどうかの違いしかないから、サビナーイが錆を抑制した原因だと考えるのが合理的だ」

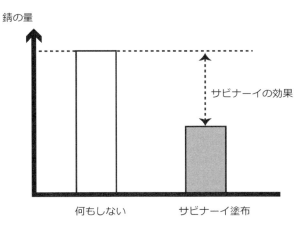

「では人間の場合はどうか？ 架空の設定として、《君》と《もうひとりの君》が存在するとしよう。あたかも試験体として用意した鉄と同じように、《君》と《もうひとりの君》はまったく違いがないとする。このとき、2人に異なるデザインのサイトを見せて、商品を購入するかどうかを観察すれば、デザインの違いの効果がわかる。しかし現実には、君は1人しかいないから、《従来のサイトを見ること》と《リニューアルしたサイトを見ること》を

同時には実行できない。仮に君が現実に見たデザインがAだとすると、デザインBだけを見た君は架空の存在でしかない」

「だからさ、そこがわかんないんだけど。《私》という一人の人間が、旧デザインのサイトで買い物した後、新デザインのサイトで買い物すれば、まったく同じ《私》にかんする結果を比較できるじゃん？ それだとどうしてダメなの？」

「それは、同一対象に対して処置前後を比較する前後比較研究という。その場合、最初の条件が次の条件に影響を与える可能性がある。たとえば買い物の場合、実際には後で見る新デザインのほうが購買意欲を上昇させる効果があったとしても、先に旧デザインでお金を使った場合、その時点で買い物用の予算が減ってしまい、次の時点で商品を購入できない可能性がある。新しいデザインの因果的効果を測定するためには、同一対象に対して、同時に《原因を与えること》と《原因を与えないこと》を実行しないといけない」

「でも、そんなの無理じゃん」

「そこで対象者を、処置を与えるグループと与えないグループにランダムに分ける。ランダムに分けた2つのグループは、処置の条件だけが違っていて、他の特徴に関してはだいたい同じようなグループだと考えることができる」

「ちょっとなに言ってるかわからない」

「君の会社の販売サイトにアクセスしてきた人のうち半分を新サイトへ、半分は旧サイトへと接続させる。このとき乱数を使い、どちらのサイトを割り当てるかをランダムに決める」

「ふむふむ」

花京院は計算用紙の上に簡単な図を描いた。

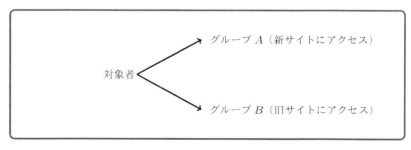

「新サイトを見るグループと旧サイトを見るグループの違いを考えてみよ

う。たとえば男女比は違っているだろうか？」

「えーっと、ランダムに分けたんだよね。だったら男女比はだいたい一緒くらいじゃないかな」

「では、仕事をしている人の割合はどうだろう」

「それもだいたい一緒じゃないかな」

「そのとおり。ランダムに分けた 2 つのグループ A と B は、男女比も、有職者比率も、年齢構成も、お金持ちの比率なんかも、だいたい同じになると期待できる。グループ間の唯一の違いは、アクセスしたサイトの違いだけだ。そこで両グループの販売サイトにおける購入額の平均値を比較する。もしサイトのリニューアルが販売促進にプラスに影響するなら、

$$\text{グループ } A \text{ の平均購入額} > \text{グループ } B \text{ の平均購入額}$$

となるはずだ。この差は処置の違いに起因すると考えられる。これがランダム化比較試験の概要だ」

「うーん、そこなんだけどさあ。体感的にはそうなりそうだって思うんだけど、どうもまだ納得できないんだよなー」

「どういうところが？」

「うーん、これっていろんな研究の分野で使われている標準的な方法なんでしょ？ その基礎が《経験的にそうなりそう》くらいのふわっとした理由でいいのかなーって、ちょっと気になるんだよね」

「なるほど、いい疑問だ。潜在的結果という概念を使って、もう少し詳しく説明しよう。この概念は、ルービンの 1974 年の論文をきっかけに、多くの分野で参照されるようになった考え方だ[*1]」

7.4 条件付き期待値

「潜在的結果を利用した因果効果の推定を説明するには、《条件付き期待値》という考え方が必要なんだけど、聞いたことある？」

「聞いたことはあるかも……。でも説明しろと言われても無理かなー」

「じゃあ、その説明から始めよう。以前、2 つの確率変数の和の期待値の説明はしたよね。あのとき同時確率分布というものを考えた」

[*1] ただしルービンによれば、潜在的結果という記法を最初に使ったのは、1923 年のネイマンの論文です

X と Y の同時確率分布

		Y		合計
		0	1	
	0	0.1	0.2	0.3
X	1	0.2	0.1	0.3
	2	0.3	0.1	0.4
	合計	0.6	0.4	1

「条件付き期待値は、《X の値を固定した状態での Y の期待値》、あるいは逆に《Y の値を固定した状態での X の期待値》のことだ。たとえば $X = 0$ の場合の Y の期待値をどう計算するかわかる？」花京院が質問した。

「$X = 0$ の行だけを使って Y の期待値を計算すればいいんじゃないのかな。$X = 0$ のとき $Y = 0$ になる確率が 0.1 で、$Y = 1$ になる確率が 0.2 だから、

$$0 \times 0.1 + 1 \times 0.2 = 0.2$$

じゃない？」青葉は表を見ながら計算した。

「残念だけどそれは違う」花京院は計算用紙をテーブルの上に広げ、数式を書きながら説明した。

$X = 0$ という条件のもとで Y の期待値を計算するには、《条件付き確率》を使う必要がある。たとえば「$X = 0$ という条件のもとで $Y = 0$ となる確率」は、記号で $P(Y = 0 \mid X = 0)$ と書き、その定義は、

$$P(Y = 0 \mid X = 0) = \frac{P(X = 0, Y = 0)}{P(X = 0)}$$

となる。ここで $P(X = 0, Y = 0)$ は「$X = 0$ かつ $Y = 0$ となる確率」を意味する。実際に計算してみると、

$$P(Y = 0 \mid X = 0) = \frac{P(X = 0, Y = 0)}{P(X = 0)} = \frac{0.1}{0.3} = \frac{1}{3}$$

だ。

7.4 条件付き期待値

> **定義 7.1** (条件付き確率)
> $X = x$ という条件のもとで $Y = y$ となる確率 $P(Y = y \mid X = x)$ は
> $$P(Y = y \mid X = x) = \frac{P(X = x, Y = y)}{P(X = x)}$$
> である。

同時確率と条件付き確率を混同しないように気をつけてね。

$$\text{同時確率}: X = 0 \text{ かつ } Y = 0 \text{ の確率}$$
$$P(X = 0, Y = 0) = 0.1$$
$$\text{条件付き確率}: X = 0 \text{ を条件とする } Y = 0 \text{ の確率}$$
$$P(Y = 0 \mid X = 0) = 1/3$$

同じように、$X = 0$ という条件下で $Y = 1$ となる確率は、条件付き確率を使って

$$P(Y = 1 \mid X = 0) = \frac{P(X = 0, Y = 1)}{P(X = 0)} = \frac{0.2}{0.3} = \frac{2}{3}$$

となる。だから 2 つの確率を合計すると 1 になる。

$$P(Y = 0 \mid X = 0) + P(Y = 1 \mid X = 0) = \frac{1}{3} + \frac{2}{3} = 1.$$

よって、$X = 0$ という条件下での Y の条件付き期待値は

$$E[Y \mid X = 0] = 0 \cdot P(Y = 0 \mid X = 0) + 1 \cdot P(Y = 1 \mid X = 0)$$
$$= 0 \cdot \frac{1}{3} + 1 \cdot \frac{2}{3} = \frac{2}{3}$$

だ。

もう少し一般的に、Y の実現値が $y_1, y_2, \ldots, y_m$ と m 個あるとき、$X = x$ という条件下での Y の条件付き期待値を考えてみよう。

$E[Y \mid X = x]$
$= y_1 \cdot P(Y = y_1 \mid X = x) + y_2 \cdot P(Y = y_2 \mid X = x) + \cdots + y_m \cdot P(Y = y_m \mid X = x)$
　　　　　　　　　　　　　　　　　条件付き期待値の定義より

$= y_1 \dfrac{P(Y = y_1, X = x)}{P(X = x)} + y_2 \dfrac{P(Y = y_2, X = x)}{P(X = x)} + \cdots + y_m \dfrac{P(Y = y_m, X = x)}{P(X = x)}$
　　　　　　　　　　　　　　　　　条件付き確率の定義を使う

$= \displaystyle\sum_{i=1}^{m} y_i \dfrac{P(Y = y_i, X = x)}{P(X = x)}$ 　　　　y にかんする和をまとめる

となる。

「そっかー。ようするに X, Y の同時確率を確率 $P(X = x)$ で基準化すると、Y の条件付き確率の合計が 1 になるんだね」

青葉は同時確率分布の表を見ながら、彼が説明した条件付き確率の定義を確認した。

「そういうこと」

「ちょっと例をつくってみようかな。今度は $Y = 0$ で条件付けた場合の X の期待値を計算してみるよ。えーっと、

$E[X \mid Y = 0]$
$= 0 \cdot P(X = 0 \mid Y = 0) + 1 \cdot P(X = 1 \mid Y = 0) + 2 \cdot P(X = 2 \mid Y = 0)$
　　　　　　　　　　　　　　　　　条件付き期待値の定義より

$= 0 \cdot \dfrac{P(X = 0, Y = 0)}{P(Y = 0)} + 1 \cdot \dfrac{P(X = 1, Y = 0)}{P(Y = 0)} + 2 \cdot \dfrac{P(X = 2, Y = 0)}{P(Y = 0)}$
　　　　　　　　　　　　　　　　　条件付き確率の定義を使う

$= 0 \cdot \dfrac{0.1}{0.6} + 1 \cdot \dfrac{0.2}{0.6} + 2 \cdot \dfrac{0.3}{0.6}$

$= 0 + 1 \cdot \dfrac{1}{3} + 2 \cdot \dfrac{1}{2} = \dfrac{1}{3} + 1 = \dfrac{4}{3}$

こうかな？」

「いいね。そうやって自分で例をつくって計算できたってことは、ちゃんと理解できてる証拠だよ。条件付き期待値 $E[Y \mid X]$ は、X と Y が独立なとき、

$$E[Y \mid X] = E[Y]$$

となる。この性質が極めて重要だ」

$E[Y \mid X = x]$
$= y_1 \cdot P(Y = y_1 \mid X = x) + y_2 \cdot P(Y = y_2 \mid X = x) + \cdots + y_m \cdot P(Y = y_m \mid X = x)$
$\qquad\qquad\qquad\qquad\qquad$ 条件付き期待値の定義より
$= y_1 \dfrac{P(Y = y_1, X = x)}{P(X = x)} + y_2 \dfrac{P(Y = y_2, X = x)}{P(X = x)} + \cdots + y_m \dfrac{P(Y = y_m, X = x)}{P(X = x)}$
$\qquad\qquad\qquad\qquad\qquad$ 条件付き確率の定義より
$= y_1 \dfrac{P(Y = y_1)P(X = x)}{P(X = x)} + y_2 \dfrac{P(Y = y_2)P(X = x)}{P(X = x)} + \cdots + y_m \dfrac{P(Y = y_m)P(X = x)}{P(X = x)}$
$\qquad\qquad\qquad\qquad\qquad$ X と Y の独立性より
$= y_1 \cdot P(Y = y_1) + y_2 \cdot P(Y = y_2) + \cdots + y_m \cdot P(Y = y_m)$
$\qquad\qquad\qquad\qquad\qquad$ 分母分子で $P(X = x)$ を打ち消す
$= E[Y]$ $\qquad\qquad\qquad\qquad\qquad$ Y の期待値の定義より

「X と Y が独立な場合は、Y で条件付けても X の期待値は変わらない。よし覚えた」

「逆もそうだよ。X で条件付けた Y の期待値も変わらない。つまり、$E[Y \mid X] = E[Y]$ だ」

7.5 潜在的結果

「では、条件付き期待値の意味がわかったところで、処置の効果を条件付き期待値を使って表現する方法を説明しよう」

まず、新しいウェブデザインを見せるかどうかを確率変数 D で表す。

$$D = \begin{cases} 1, & \text{新しいサイトを見せる} \\ 0, & \text{従来のサイトを見せる} \end{cases}$$

D は処置を与えるかどうかを決める確率変数だよ。

客の購入額を確率変数 Y とおく。そして、$D = 1$ のときの購入額を $Y[1]$、$D = 0$ のときの購入額を $Y[0]$ で表し、この 2 つを潜在的結果と呼ぶ。潜在的結果とは、処置の有無に対応して存在する《仮想的な結果変数》のことだよ。観察できるのはどちらか一方だけど、$Y[0]$ と $Y[1]$ の 2 つの潜在的結果があたかも存在すると考えるんだ。《観察された結果》と本来ありえた《観察されなかった結果》を仮想的な対としてとらえるアイデアが、ルービンの因果モデルの特徴なんだ。

いま考えている例だと、新しいウェブサイトを見た人の購入額が $Y[1]$ で、古いサイトを見た場合の購入額が $Y[0]$ だよ。Y は実際に観察される結果変数であり

$$Y = \begin{cases} Y[1], & D = 1 \\ Y[0], & D = 0 \end{cases}$$
$$= DY[1] + (1 - D)Y[0]$$

と表すことができる。最後の式 $DY[1] + (1-D)Y[0]$ は、D の条件で分岐する Y を1つにまとめた表現だよ。たとえばこの式に $D = 1$ を代入すると、

$$1 \cdot Y[1] + (1-1)Y[0] = Y[1]$$

になるし、$D = 0$ を代入すると、

$$0 \cdot Y[1] + (1-0)Y[0] = Y[0]$$

となる。

処置と潜在的結果の関係を次の表にまとめよう。調査対象者を $N = \{1, 2, \ldots, n\}$ とし、個体 i にかんする潜在的結果は $Y_i[1]$ および $Y_i[0]$ で表すよ。添え字 i が個体で、[ ] の中の数字が処置の有無だよ。

$$Y_{\text{個体}\,i}[\text{処置の有無}].$$

《結果変数》とは、購入額などの比較対象になっている数値で、グレーで色づけした部分は観察されない値だよ。

	処置変数	潜在的結果		結果変数
		処置群	統制群	
個体	D	$Y[1]$	$Y[0]$	Y
1	$D_1 = 0$	$Y_1[1]$	$Y_1[0]$	$Y_1[0]$
2	$D_2 = 0$	$Y_2[1]$	$Y_2[0]$	$Y_2[0]$
$\vdots$	$\vdots$	$\vdots$	$\vdots$	$\vdots$
$\vdots$	$\vdots$	$\vdots$	$\vdots$	$\vdots$
$n-1$	$D_{n-1} = 1$	$Y_{n-1}[1]$	$Y_{n-1}[0]$	$Y_{n-1}[1]$
n	$D_n = 1$	$Y_n[1]$	$Y_n[0]$	$Y_n[1]$

もし、ある個体 i について $D_i = 1$ なら、$Y_i[1]$ だけが観察されて $Y_i[0]$ は観察されない。逆に $D_i = 0$ なら、$Y_i[0]$ だけが観察されて $Y_i[1]$ は観察されない。

さて、$Y[1] - Y[0]$ は新サイトを見た場合の購入額と、旧サイトを見た場合の購入額の差だから、ウェブデザインの違いによる影響を表している。

確率変数 $Y[0], Y[1]$ の差の期待値

$$E[Y[1] - Y[0]]$$

は、処置による購入額の違いの平均を表している。これを平均処置効果という。この期待値の不偏推定量として

$$\frac{1}{n}\sum_{i=1}^{n}(Y_i[1] - Y_i[0])$$

を考える。しかし同じ個人 i について、$Y_i[1]$ と $Y_i[0]$ を同時に観察することはできないので、上記の不偏推定量は計算できない。さて困った。

「待って。不偏推定量ってなに？」
「期待値をとったときにパラメータに一致するような確率変数のことだよ」
「ちょっとなに言ってるかわからない」
「では簡単な例で、推測統計の基礎を確認しておこう」

7.6 不偏推定量

たとえば顧客の購入額が関心の対象だとしよう。購入額の真の分布を確率変数 Y で表し、母集団と呼ぶ。母集団からランダムに取り出した一部のデータを

$$(y_1, y_2, \ldots, y_n)$$

とおくと、この値は実際に測定するまではわからない。だから、これらの数値は、母集団と独立に同じ確率分布にしたがう確率変数 $Y_1, Y_2, \ldots, Y_n$ の実現値と考えられる。確率変数とデータをそれぞれ

$(Y_1, Y_2, \ldots, Y_n)$ 　　　　サイズ n の標本（確率変数）
$(y_1, y_2, \ldots, y_n)$ 　　　　サイズ n のデータ（実現値）

と呼んで区別するよ。いま、母集団 Y の平均 $E[Y] = \mu$ をデータから推測したいとしよう。

そこで、推定量として標本の関数

$$\bar{Y} = \frac{1}{n}(Y_1 + Y_2 + \cdots + Y_n) \quad （確率変数）$$

を考える。この推定量 $\bar{Y}$（確率変数）の分布を特定して、母集団のパラメータ（たとえば μ）についての情報を得るのが推測統計だ。推定量 $\bar{Y}$ の期待値をとると

$$\begin{aligned}
E[\bar{Y}] &= E\left[\frac{1}{n}(Y_1 + Y_2 + \cdots + Y_n)\right] \\
&= \frac{1}{n}E[(Y_1 + Y_2 + \cdots + Y_n)] &&\text{定数 } \frac{1}{n} \text{ を外に出す} \\
&= \frac{E[Y_1] + E[Y_2] + \cdots + E[Y_n]}{n} &&\text{和の期待値の性質} \\
&= \frac{\mu + \mu + \cdots + \mu}{n} &&E[Y_i] = \mu \text{ を使う} \\
&= \frac{n\mu}{n} = \mu
\end{aligned}$$

となり、母集団の平均 μ とたしかに一致する。このように期待値をとると、推定したかったパラメータ（μ）と一致する確率変数（$\bar{Y}$）を μ の不偏推定量という。

「うーん、なんとなく思い出したよ。でも平均処置効果の推定量として、どうして

$$\frac{1}{n}\sum_{i=1}^{n}(Y_i[1] - Y_i[0])$$

はダメなの？」

「実現値として観察してない値を使わないと計算できないからだよ」

「じゃあ、どうしたらいいの？」

「平均処置効果を計算できるようなパラメータに置き換えて、その不偏推定量を考える」

まず新サイトを見た人の購入額 Y の平均 $E[Y \mid D = 1]$ と、旧サイトを見た人の購入額 Y の平均 $E[Y \mid D = 0]$ の差を考える。つまり条件付き期待値

の差だ。
$$E[Y \mid D = 1] - E[Y \mid D = 0].$$

これは、新サイトを見た人の平均購入額と旧サイトを見た人の平均購入額の違いを表している。ここで、Y の定義 $Y = DY[1] + (1-D)Y[0]$ を代入してみると

$$\begin{aligned}
E[Y \mid D = 1] &= E[DY[1] + (1-D)Y[0] \mid D = 1] \\
&= E[1 \cdot Y[1] + (1-1)Y[0] \mid D = 1] \quad D = 1 \text{ を代入する} \\
&= E[Y[1] + 0 \mid D = 1] \\
&= E[Y[1] \mid D = 1] \\
E[Y \mid D = 0] &= E[DY[1] + (1-D)Y[0] \mid D = 0] \\
&= E[0 \cdot Y[1] + (1-0)Y[0] \mid D = 0] \quad D = 0 \text{ を代入する} \\
&= E[Y[0] \mid D = 0]
\end{aligned}$$

と表すことができる。つまり

$$\begin{aligned}
E[Y \mid D = 1] &= E[Y[1] \mid D = 1] \\
E[Y \mid D = 0] &= E[Y[0] \mid D = 0]
\end{aligned}$$

となる。この変形は、Y の定義を使って書き換えただけだよ。

すると、条件付き期待値の差 $E[Y \mid D = 1] - E[Y \mid D = 0]$ は

$$E[Y \mid D = 1] - E[Y \mid D = 0] = E[Y[1] \mid D = 1] - E[Y[0] \mid D = 0]$$

と表すことができる。

ここで、割り当て D がランダムであるという仮定を思い出す。すると、確率変数 D と確率変数 $Y[0], Y[1]$ は独立となる。その結果、条件付き期待値は

$$\begin{aligned}
E[Y[0] \mid D = 0] &= E[Y[0]] \quad Y[0] \text{ と } D \text{ の独立性より} \\
E[Y[1] \mid D = 1] &= E[Y[1]] \quad Y[1] \text{ と } D \text{ の独立性より}
\end{aligned}$$

となる。つまり割り当て D の値には依存しない。だから、割り当て D ごとに条件付けた Y の期待値の差は

$$\begin{aligned}
&E[Y[1] \mid D = 1] - E[Y[0] \mid D = 0] \\
&= E[Y[1]] - E[Y[0]] \quad D \text{ の独立性より} \\
&= E[Y[1] - Y[0]] \quad \text{期待値の性質より}
\end{aligned}$$

第7章 ● 売り上げをのばす方法

となり、$E[Y[1] - Y[0]]$ と一致する。だから

$$E[Y[1] \mid D = 1] - E[Y[0] \mid D = 0]$$

は、知りたかった平均処置効果 $E[Y[1] - Y[0]]$ の代用になる。

「えーっと、もともとは $E[Y[1] - Y[0]]$ を標本から推定したかったんだけど、できないから代用として、結果的に同じ値になる

$$E[Y[1] \mid D = 1] - E[Y[0] \mid D = 0]$$

を使うってことね」青葉が確認した。

「そうだよ」

「でも、この代用品に対する不偏推定量ってちゃんとあるの？」

「あるよ。$E[Y[1] \mid D = 1]$ と $E[Y[0] \mid D = 0]$ の不偏推定量として

$$\frac{1}{n_1} \sum_{i \in N_1} Y_i \quad と \quad \frac{1}{n_0} \sum_{i \in N_0} Y_i$$

を使えばいい。N_1 は処置を割り当てた個体の集合、N_0 は割り当てなかった個体の集合で、n_1, n_0 はそれぞれの人数だよ[*2]」

「うーん、なんかややこしいな」

「見た目はややこしいけど、中身は単純だよ。ようするに、処置を与えた集団と与えなかった集団の標本平均のことだ」

「あ、なんだ。それなら計算は簡単だね」

「そういうこと。集団ごとに平均値を計算して比べてやればいい。ただし推定量の不偏性の証明は自明じゃないから、一度自分で考えてみるといいよ」

青葉はここまでの説明をゆっくりと振り返った。

式の変形自体は簡単だった。でもまだ、なにかが釈然としなかった。

「うーん……。式の展開はだいたいわかるんだけど。なにかひっかかるなあ」

「どこが？」

[*2] 記号 $i \in N$ は i が集合 N に属している、という意味です。$\sum_{i \in N}$ は N に属している i について和をとる、という意味です。214頁も参照してください

「最後の独立ってところなんだけど。$D = 0$ のとき Y が $Y[0]$、$D = 1$ のとき Y が $Y[1]$ になるって定義したんでしょ？ ってことは、Y と D はめっちゃ関係しているじゃん。$Y = DY[1] + (1 - D)Y[0]$ っていう定義なのに、$E[Y]$ が D と独立に決まるってどういうこと？」

「いい疑問だ。もう一度確認してみよう。仮定しているのは《$Y[0]$ と D が独立》《$Y[1]$ と D が独立》だ。Y と D が独立であるとは仮定していない。$E[Y[0] \mid D]$ と $E[Y[1] \mid D]$ は D の値に依存しないけど、$E[Y \mid D]$ は D の値に依存して変化する」

「やっぱりそこがわからない」

「例を示そう」

まず、$Y[0], Y[1], D$ がそれぞれ次のような確率関数を持つと仮定する。

	$Y[0]$		$Y[1]$		D	
実現値	1	2	3	4	0	1
確率	$\frac{1}{2}$	$\frac{1}{2}$	$\frac{1}{3}$	$\frac{2}{3}$	$\frac{1}{3}$	$\frac{2}{3}$

次に、D と $Y[0]$ は独立、さらに D と $Y[1]$ も独立だと仮定する。つまり、同時確率関数を次の2つの表で定義する。

$Y[0]$ と D の同時確率関数

		$Y[0]$		合計
		1	2	
D	0	$\frac{1}{6}$	$\frac{1}{6}$	$\frac{1}{3}$
	1	$\frac{2}{6}$	$\frac{2}{6}$	$\frac{2}{3}$
合計		$\frac{1}{2}$	$\frac{1}{2}$	1

$Y[1]$ と D の同時確率関数

		$Y[1]$		合計
		3	4	
D	0	$\frac{1}{9}$	$\frac{2}{9}$	$\frac{1}{3}$
	1	$\frac{2}{9}$	$\frac{4}{9}$	$\frac{2}{3}$
合計		$\frac{1}{3}$	$\frac{2}{3}$	1

同時確率の周辺分布（表の合計の部分）が、それぞれ単独の $D, Y[0], Y[1]$ の確率関数と一致していることに注目してほしい。では、この表を使って、$Y = DY[1] + (1 - D)Y[0]$ の条件付き期待値を計算してみよう。

$$E[Y \mid D = 1] = E[Y[1] \mid D = 1]$$
$$= 3 \cdot \frac{2/9}{2/3} + 4 \cdot \frac{4/9}{2/3} = \frac{11}{3}$$

一方、

$$E[Y \mid D = 0] = E[Y[0] \mid D = 0]$$
$$= 1 \cdot \frac{1/6}{1/3} + 2 \cdot \frac{1/6}{1/3} = \frac{3}{2}$$

だから、$E[Y \mid D = 1]$ と $E[Y \mid D = 0]$ が一般には一致しないことがわかる。両者が一致するのは、処置に効果がなかった場合だ。

「やっとわかったよ。たしかに D と $Y[0]$、それに D と $Y[1]$ は独立だけど、処置に効果があるなら Y と D は独立じゃないんだね。よーし、これで理屈を少しは理解したぞ」

「じゃあ、最後に手順を確認しておこう。

1. 新デザインの効果を測定したい対象を決める (たとえば来月 1 週目に直販サイトにアクセスしてきた人全員)
2. 測定対象集団を、処置を与える（新サイトを見る）集団と与えない（旧サイトを見る）集団に、ランダムに分ける
3. 2 集団の購入額の平均を比較して、平均処置効果を推定する

測定対象集団をランダムに 2 つに分けるところがポイントだよ」

「じゃあ、さっそく来週データをとるね」青葉はそう言い残すと、喫茶店をあとにした。

7.7　その差は統計的に有意か？

青葉は花京院のアドバイスにしたがって、ランダム化比較試験を実施した。ウェブサイトを訪れた人々をランダムに 2 グループに分ける方法については苦労したが、最終的にはサーバーサイドアプリを利用することで割り当てを実現した。

こうして、指定期間中に訪れた人々の一方は旧デザインのサイトで、一方は新デザインのサイトで買い物をしてもらった。そしてようやく実験結果のデータがそろった。

7.7 その差は統計的に有意か？

ランダム化比較試験の結果

	旧サイト	新サイト
売り上げ平均値	5000 円	5100 円
人数	1000 人	1000 人
標準偏差	500 円	500 円

「やったよ、花京院くん。デザインの違いで売り上げに違いが出るってことがわかったよ」

「なるほど。これがデータか。本物の売り上げデータって初めて見たな。もう分析した？」花京院は楽しそうに数字を眺めている。

「分析って，もう結果出てるじゃん。まあ平均で 100 円しか違いがないってのはちょっと残念だけど」

「いやいや、平均の差は 100 円でしかないけど、これは 1 週間の売り上げでしょ？ 年間の売り上げで比較しないと」

旧サイトのもとでの平均売り上げは 5000 円。もし全員が旧サイトのもとで買い物したとすると、

$$5000 \text{円/人} \times (1000 \text{人} + 1000 \text{人}) = 1000 \text{万円}$$

一方、新サイトのもとでの平均売り上げは 5100 円。もし全員が新サイトで買い物したとすると、

$$5100 \text{円/人} \times (1000 \text{人} + 1000 \text{人}) = 1020 \text{万円}$$

つまり、旧サイトから新サイトに変更することで

$$1020 \text{万円} - 1000 \text{万円} = 20 \text{万円}$$

の売り上げ増が見込める。この売り上げ増は 1 週間の販売期間なので、1 ヶ月だと 20 万/週 × 4 週 = 80 万 だから、80 万円の増加。さらに、この数値をもとに年間売り上げの増分を計算すると、

$$80 \text{万円/月} \times 12 \text{ヶ月} = 960 \text{万円}$$

「おー、1000万近く売り上げがアップするじゃん」青葉が計算結果を見て驚きの声をあげた。

「サイトデザインを新しくするためのコストは？」

「たぶん50万くらい。今回の修正はそんなにお金かかってないよ」青葉は資料を確認した。

「ということは、差し引きで年間900万円以上の利益が出るね」

「そっか。いくら売り上げが増加するといっても。コストを上回らないと意味ないもんね」

「ただし……」

「え？　なにかあるの」

「その平均値の差が統計的に有意な差かどうかを確認しないといけない」

「ゆーい？」

「簡単に言うと、100円の差が偶然かどうかを確認しないといけない」

7.8　統計的検定とフィッシャーの紅茶

「平均値の差の有意性かー。私が統計学の授業で挫折したやつだよ。いや、やり方はわかるんだけど。理屈が全然わかんない」

「たしかに検定の理屈は難しい。それを説明するには……。ところで、なにか飲み物を頼もうか」花京院は青葉のカップが空になっていることに気づいた。

「そうだね。もう一杯何か飲もうかな。えーっと」

「紅茶がおすすめだよ。ここのミルクティー、おいしいって評判なんだよ」青葉がメニューに手をのばすと同時に、花京院が紅茶をすすめてきた。

「へえ、知らなかった。じゃあそれにしようかな」

「僕も頼むものがあるから一緒に注文してくるよ」そう言うと、花京院は席を立ち、店主のいるカウンターに向かって歩いていった。

花京院はカウンター越しに、店主となにやら話し込んでいる。彼はこの店の常連だった。

青葉は、スマホをバッグから取り出し、メールのチェックを始めた。

「お待たせ」花京院がトレイを持ってあらわれた。トレイの上にのったカップを見て、青葉はぎょっとした。小ぶりなカップが8個も並んでいたからだ。

7.8 統計的検定とフィッシャーの紅茶

「え、なにこれ？」

「ミルクティーだよ」

「いやそれはわかるけど、なんでこんなに小分けにされてるの？」

「これを使って検定の説明をするんだよ」

「検定……」青葉は、先ほど花京院が店主と話し込んでいた理由を理解した。花京院にしては珍しく、世間話をしているのかと思ったが、どうやら単に実験の打ち合わせをしていただけのようだ。

「このミルクティーは、2通りの入れ方で準備した。

1. 先に紅茶を入れて、そのあとでミルクを入れる
2. 先にミルクを入れて、そのあとで紅茶を入れる

8杯のうち4杯は《1》の方法で、残りの4杯は《2》の方法で入れたよ。そのあと8杯の紅茶をランダムに並べ替えた。君がこれを飲んで、どちらの方法で入れた紅茶かを当てる実験だ。統計学者フィッシャーが紹介した有名な例だよ。一度やってみたかったんだ」花京院が実験内容を説明した。

「ミルクを入れた順番だけが違うんだね。うーん、個人的にはどっちでもいいんだけど……。まあ、とにかくやってみるよ」

青葉は試飲用の小さなカップに注がれたミルクティーを1杯ずつ飲み、これは《1》これは《2》と分類していった。

「もし君が、8杯すべて正しく分類できたとしよう。このとき君はミルクティーの入れ方を識別できる、と言ってよいだろうか？」

「そりゃあ、できるんじゃないの？ だって、これ全部当てるのは相当難しいよ」

「8杯ある紅茶のうち、半分が1で半分が2だから

11112222
12121212
12211221
⋮
22221111

こんな感じで1と2が並んでいる。1と2を正しく分類するということは、このパタンの中から正しい1つを選び出すことに等しい」

「ふむふむ。何通りあるのかな。えっと、1つめが2通りあって、2つめが2通りあって、……、2^8通り？」

「それだと1と2の数が半分ずつにならないよ。8杯ある紅茶のうち、半分を1にして半分を2にするという制約があるから、結局、並べ方の総数は《8個あるものから、4個を選ぶパタン数》と一致する。つまり

$$_8C_4 = \frac{8!}{4!(8-4)!} = \frac{8 \times 7 \times 6 \times 5}{4 \times 3 \times 2 \times 1} = 70$$

通りある」

「なるほど。2項分布のときに使ったコンビネーションだね」

「デタラメに選んだときに、正解のパタンを選ぶ確率は、70通りある並べ方からただ一つの正しい並べ方を選ぶ確率に等しい。つまり1/70だ。$1/70 \approx 1.43\%$ だよ。そこでこう考える。

《君にはミルクティーの入れ方を識別する能力がある》

これが検証したい仮説だ。若が実際にすべてのミルクティーの分類に成功すれば、仮説が正しい可能性は高くなるだろう。

一方で、君には本当は識別能力がないのに、偶然すべての分類を当ててしまう可能性もある。ただしその可能性はかなり珍しく、$1/70 \approx 1.43\%$ でしかない。でもその可能性は0じゃないから、偶然じゃないとは断定できない。だから、全問正解したとしても、その観察結果を根拠にして言えることは

《君にはミルクティーの入れ方を識別する能力がある、ただしその判断は1.43%の確率で間違っている可能性を残している》

でしかない。これが統計的仮説検定の基本的な考え方だ」

「えーっと、もし私が全部を当てることができたとしたら、偶然全部当たる確率は1.43%しかないから、偶然じゃないだろうってことだね」

「そういうこと」

「なんかまどろっこしいなあ」

「論理構造としては確率的な背理法だからね。慣れるまでは難しい」

「ちょっとなに言ってるかわからない。ともかく答え合わせをしてみようよ」

花京院はあらかじめ用意した解答をもとに、青葉の答えをチェックして

いった。その結果、青葉の正解数は6だった。

「おー、けっこう当たってるじゃん。自信なかったけど、案外するどい味覚を持ってるのかも」

「君、このあいだ醤油とソースを間違っても気づいてなかったけど……。まあ、ともかく正解数6が偶然に生じる確率を計算してみよう。その確率がすごく低かったら、偶然ではなかったと判断する」

───

6杯正解するパタンが何通りあるか数えてみよう。正解が6ということは、1の入れ方を3つ正解して、2の入れ方を3つ正解したことになる。1の入れ方を4つ正解して2の入れ方を2つ正解するというパタンは存在しない。なぜなら、1と2が半分ずつという制約によって、1を4つ正解したら、自動的に2も4つ正解するからだ。

1の入れ方を3つ正解するパタンを考えてみよう。その総数は、4つの中から1つの不正解を選ぶパタンの総数 $_4C_1 = 4$ と一致する。同様に、2の入れ方を3つ正解するパタンの総数も4つある。

まとめるとこうだ。

- ミルクを先に入れたカップの正解数が4個中3個: 4パタン
- ミルクを後に入れたカップの正解数が4個中3個: 4パタン

これらのパタンは互いに独立だから、$4 \times 4 = 16$ パタンが、6杯正解するパタンとなる。

さて、ミルクの注ぎ方の総数は70だったから、70パタンのうち16パタンが、6杯正解する並びとなる。

よって、でたらめに選んだときに6杯正解する確率は $16/70 \approx 0.229$ だ。

───

「そっかー。6杯当てたとしても、偶然当たる確率が22.9%もあるのかー」

「20%以上の確率で生じることなら、それほど珍しくはないと言える」

「6杯当てたくらいだと、入れ方の違いがわかっていることの証拠としては弱いんだね」

「いま考えた違いは重要だよ。つまり僕らは、

- 8杯正解 $\implies$ 偶然じゃない

- 6杯正解 ⟹ 偶然だ

というふうに判断を変えた。言い換えると、6杯正解という観察結果によって、《当たるのは偶然だ》という仮説を棄却できなかった。これが仮説検定の基本的なアイデアだ」

「そういうことかー。まだ完全じゃないけど、だいぶわかったよ」

2人は手分けして、残ったすべてのミルクティーを比較しながら飲んだ。結局味の違いはわからなかったが、どれもおいしい、と青葉は思った。

まとめ

- ある条件の変化が、売り上げの変化の原因であるかどうかを調べるためには、ランダム化比較試験が有効である
- 同じ消費者に対して、《処置を施した結果》と《施さなかった結果》を同時に観察することはできない。そこで、処置のランダムな割り当てと、条件付き期待値の性質を利用して、処置の平均的な効果を観察データから推測する
- ランダム化比較試験により、《処置を施したグループ》と《施さなかったグループ》の平均の間に統計的に有意な差があった場合、その差は処置によって生じたと考えられる
- 応用例：ランダム化比較試験の実施には人的・金銭的コストがかかる。しかしウェブサイト上の実験については専用のテストツールやサービスが利用できる（有料サービスのほか、Google OptimizeやWordpressのA/Bテスト用プラグインなどが無料で利用できる）

参考文献

Fisher, Ronald A., [1935] 1966, *The Design of Experiments*, Oliver & Boyd Ltd., Publishers.（=2013，遠藤健児・鍋谷清治（訳）『実験計画法』森北出版．）

　　　フィッシャーが実験計画法を解説した古典的テキストです。冒頭で、ミルク

ティーの入れ方を例に、仮説検定の考え方を説明しています。本章の後半で参照しました。

星野崇宏，2009，『調査観察データの統計科学——因果推論・選択バイアス・データ融合』岩波書店．

> 調査観察データの統計分析手法を欠測データと因果推論の観点から統一的に解説した、統計中級者向けのテキストです。社会科学分野での調査観察データを欠測のあるデータと見なし、バイアスを補正して統計的推測を行なう方法を紹介しています。

Imbens, Guido W. and Donald B. Rubin, 2015, *Causal Inference for Statistics, Social, and Biomedical Sciences: An Introduction*, Cambridge University Press.

> インベンスとルービンによる因果推論のテキストです。潜在的結果という概念を用いて、因果モデルを欠測データの観点から統一的に説明しています。因果モデルの数学的側面について詳しく解説しており、本章では省略した平均処置効果の推定量の不偏性の証明も載っています。大学院生から研究者に向けた難易度です。

中室牧子・津川友介，2017，『「原因と結果」の経済学——データから真実を見抜く思考法』ダイヤモンド社．

> 豊富な具体例を使いながら因果推論をわかりやすく解説した一般向けの書籍です。観察データを用いて、あたかもランダム化比較試験を実施したような状況をつくり出す統計手法（差の差分析、操作変数法、回帰不連続デザイン、傾向スコア・マッチング法）を数式抜きでわかりやすく解説しています。

第8章

その差は
偶然でないと
言えるのか？

第 8 章
その差は偶然でないと言えるのか？

■ 8.1 検定のロジック

販売サイトのデザインを変更することで売り上げが増加するか？

この問題に答えるために青葉が花京院から教わった手法がランダム化比較試験だった。

さらに、この方法で得た結果が、偶然とは見なせない程度の差であるかどうかを確かめるために、仮説検定が必要なことも青葉は理解した。

彼女は学生時代に、検定の手法を一通り習ったことがある。そして統計ソフトや表計算ソフトを使って、平均値の差を検定する方法や、被説明変数を複数の説明変数に回帰する方法も知っていた。

しかし彼女は、それらの手法の背後にある理屈がいまだに理解できなかった。

彼女に統計分析を教えた大学の教員でさえ、細かな理屈を理解するよりも、まずは手法に慣れることが大切であると説いた。彼女の同級生もその言葉にしたがい、理屈の理解は後回しにして、分析の実践に慣れることに努力した。

しかし彼女は、分析のやり方はわかるが理屈がわからないという状態に、ずっと違和感があった。仕事帰りに立ち寄った喫茶店で、青葉はそのことを花京院に相談した。彼だけが、その違和感を理解してくれると思ったからだ。

「検定の理屈が難しい理由は、確率の話と仮説の組み立ての話が複合しているからだ。だからまず、仮説が変わると、確率モデルが変化することを理解しないといけない。言い換えれば、仮説と確率がどんな具合に連動してい

るのかを理解すれば見通しがよくなるよ。いつものように、直感的な例で考えてみよう。

いま、ある確率変数 X が分散 1 の正規分布にしたがうと仮定する。このことを記号で

$$X \sim N(\mu, 1)$$

と書くことにしよう。平均 μ の具体的な値はわからない。このよくわからない平均にかんする仮説を次のように立てる」

　　帰無仮説 H_0：X の平均は 0 である
　　対立仮説 H_1：X の平均は 0 でない

「われわれの主張したい仮説が H_1 であるとしよう。H_1 は H_0 を否定する内容だから、H_0 が間違っていれば、間接的に H_1 が正しそうだと主張できる。では、どんな結果を観察すれば、H_0 が間違っていると言えるだろうか？」

「えーっと、仮説 H_0 は、X が平均 0 で分散 1 の正規分布にしたがってるってことだね。だから、平均 0 からすごく離れた《$X = 5$》みたいな実現値ばかりを観察したら、H_0 は間違ってそうだと言えるんじゃない？」

「離れた値は《$X = 5$》だけかな？《$X = 6$》や《$X = 7$》はどうかな」

「あ、そうか。そのあたりの数値も H_0 が正しくない根拠になりそうだ。なら《$X \geq 5$》っていう範囲にする」

「OK。図で描いてみよう」花京院は平均 0、分散 1 の正規分布の確率密度関数をパソコンでプロットした。

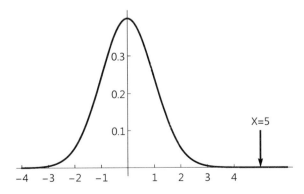

「もし正規分布 X の平均が 0 で分散は 1 なら、実現値が 5 以上である確率は約 0.00000028665 だ。だから、5 以上の値ばかりを観察したら、H_0 は間違っているという判断の根拠になる」

「めっちゃ低い確率だもんね」

「ただし、H_0 が必ず間違っている、とは言えない。どうしてだかわかる？」花京院が質問した。

「えーっと、X の平均が 0 でも、実現値として 5 以上の値をとることが、すごく低い確率だけどありえるから？」

「そのとおり。H_0 が間違いだという判断が誤りである可能性は、《すごく低い確率》でありうる」

「ふむふむ」

「ところでいま、X の実現値が平均よりずっと大きい場合について考えたけど、平均よりずっと小さい場合はどうだろう」

「そういう場合も、H_0 が間違っている根拠になりそうだね」

「仮説 H_1 は、X の平均は 0 でない、という主張だから、当然、実現値が 0 よりずっと小さい場合であっても、H_0 を否定する根拠となりえる。つまり H_0 が間違っていることの間接的な証拠は、たとえば X の実現値が

$$-5 \text{ 以下、あるいは } 5 \text{ 以上}$$

の範囲に入ることだと言える。記号を使って書けば、X の実現値が集合 D

$$D = (-\infty, -5] \cup [5, \infty)$$

に入ることだと言えそうだ。この集合 D を棄却域という。棄却域とは、観察した実現値がその範囲に入っていれば帰無仮説 H_0 を棄却する範囲のことだよ[*1]」

「なるほど、平均 0 よりもめっちゃ大きいか小さい値を観察すれば、《H_0：平均は 0》が間違っていると考えるわけね」

「そういうこと。ただし《「H_0 が間違いだ」という判断が誤りである確率》がわずかに残っている、という点が重要だよ。この場合、その確率は

$$P(X \leq -5) + P(X \geq 5)$$

[*1] 記号 $(a, b]$ で集合 $\{x \in \mathbb{R} \mid a < x \leq b\}$ を表します。a よりも大きく、b 以下であるような実数 x の集まりです。このような集合を区間といいます

となる。正規分布は平均を中心にして左右対称だから、実現値が -5 以下になる確率は、5 以上になる確率と同じだ。この場合の確率は、

$$P(X \leq -5) + P(X \geq 5) \approx 0.00000028665 + 0.00000028665$$
$$= 0.00000057330$$

となる」

「いま極端な値の範囲として《-5 以下か 5 以上》って決めたけど、たとえば《-3 以下か 3 以上》って決めてもいいんだよね？」

「もちろん。その場合には、《H_0 が正しい場合に、極端な値をとる確率》も変わる。いくつになるかわかる？」花京院は青葉に、自分で確かめるように促した。

青葉は計算用紙を取り出すと計算を始めた。

「えーっと、その場合は

$$P(X \leq -3) + P(X \geq 3)$$

を計算すればいいんだよね。$P(X \geq 3) \approx 0.00135$ だから

$$P(X \leq -3) + P(X \geq 3) \approx 0.00135 + 0.00135$$
$$= 0.0027$$

だね。ってことは、もし観察した実現値が -3 以下あるいは 3 以上だったら、H_0 が間違っていると判断できる。ただし H_0 が正しくて、たまたまその極端な範囲に入る可能性も 0.0027 程度あるってことだね」

「そういうこと。これが仮説検定の直感的な考え方だよ。H_0 が正しい場合に、どんな範囲で実現値を観察すれば、極端な値を観察したと言えるかを考えて、それを確かめるんだ」

「ふむふむ」青葉は花京院の説明を頭の中で繰り返した。

8.2 棄却域は対立仮説で変わる

「棄却域は、仮説 H_1 の中身にも依存して決まる点が重要なんだ。たとえば次のような仮説の組み合わせを考えてみよう」

帰無仮説 $H_0 : X$ の平均は 0 である
対立仮説 $H_1 : X$ の平均は 0 よりも大きい

「H_0 はさっきと同じだけど、H_1 が《0 でない》から《0 より大きい》に変わった点に注意してね。もし自分の主張が H_1 であるとき、どういう観察結果なら嬉しい？」

「えーっと、ほんとは《平均が 0 より大きい》と予想してるわけだから、3 とか 5 が出ると嬉しいんじゃない？」

「そうだね。じゃあ逆に -3 以下の値が出たら、どう思う？」花京院が質問を変えた。

「マイナスの値は嬉しくないかな。だって自分の主張の根拠にはならないもん。……あれ？ ちょっと待って、-3 より下が出れば、少なくとも H_0 が正しくないって根拠にはなるよね？ ってことは……。ダメだ、こんがらがってきた」

「いい点に気づいた。-3 以下の値は、H_0 を否定する根拠にはなっている。でも自分の主張である《平均が 0 より大きい》を裏付ける根拠としては役立たない。だから H_1 が《0 より大きい》である以上、-3 以下の値を観察しても、H_0 を棄却するための判断材料にはならない。逆に言えば、-3 以下の値の観察を H_0 を棄却する根拠として使いたければ、対立仮説である H_1 の中身を《0 ではない》や《0 より小さい》に変えないといけない」

「そっかー。H_1 の内容が重要なんだね」

「このことは、

　　　　　H_1 の中身によって、棄却域の範囲が変わる

ことを意味する。X の実現値が 3 以上である確率は

$$P(X \geq 3) \approx 0.00135.$$

つまり 3 以上の実現値を観察したうえで H_0 を棄却しても、その判断が間違っている確率は 0.00135 でしかない」

「H_1 が《0 でない》ときに比べて、ちょっと小さくなったね」

「直感的に言えば、こういうことだよ。H_1 の内容を《0 でない》という曖昧な内容から《0 よりも大きい》という、より明確な内容に絞り込むことで、-3 以下の値を証拠として使わない、という決断をした。そのリスクを負うことで、H_0 を棄却したときに、その判断が間違う確率が小さくなるというリターンを得たんだ。ここまでの推論をまとめておこう」

8.2 棄却域は対立仮説で変わる

H_1 の変化と、それにより変動する棄却域

H_0	H_1	棄却域	H_0 のもとで実現値が棄却域に入る確率	
平均は0	0 ではない	$(\infty, -3] \cup [3, \infty)$	$P(X \leq -3) + P(X \geq 3)$	0.00270
	0 より大きい	$[3, \infty)$	$P(X \geq 3)$	0.00135
	0 より小さい	$(\infty, -3]$	$P(X \leq -3)$	0.00135

「観察したデータを得る確率が極端に小さければ、H_0 がおかしいと判断する。小さいどうかを判断する基準となる確率を有意水準といい、記号 α で表す。たとえば有意水準を 0.01 に設定すると、仮説 H_1《平均は0でない》に対して、H_0 を棄却するための棄却域 D は

$$0.01 \approx P(X \leq -2.58) + P(X \geq 2.58)$$

という関係から

$$D = (-\infty, -2.58] \cup [2.58, \infty)$$

となる。もし観察した実現値が 2.58 以上あるいは -2.58 以下だったら、有意水準 0.01 で H_0 を棄却する。この判断が間違っている確率は有意水準 0.01 に等しい」

「2.58 ってどっから出てきたの？」

「有意水準をキリのいい0.01 に設定したところから逆算したんだよ。表の形でまとめおこう」

有意水準が 0.01 の場合

H_0	H_1	棄却域	有意水準 0.01
平均は0	0 ではない	$(\infty, -2.58] \cup [2.58, \infty)$	$P(X \leq -2.58) + P(X \geq 2.58)$
	0 より大きい	$[2.33, \infty)$	$P(X \geq 2.33)$
	0 より小さい	$(\infty, -2.33]$	$P(X \leq -2.33)$

「検定の理屈って、何度聞いても難しいなー」

「複雑な推論を一度にやっているからね。ロジックを分解して、1つずつ順番に理解するといいよ。もう一度確認しておくと、有意水準と棄却域と対立仮説は連動している点が重要だ[*2]」

[*2] ここでは、検定の考え方を直感的に理解するために、棄却方式と検定統計量を簡略化して説明しています。パラメータにかんする実際の仮説検定では、n 個のデータから計算した検定統計量を使います

8.3 売り上げデータの分析

「検定の考え方がだいたい理解できたところで、実際に計算してみよう。君がランダム化比較試験によって得たデータはこうだった」

	旧サイト	新サイト
売り上げ平均値	5000 円	5100 円
人数	1000 人	1000 人
標準偏差	500 円	500 円

「この表から、売り上げ平均額は新デザインのほうが 100 円高いことがわかる。ただし偶然高かっただけの可能性があるから、それが偶然でないことを確かめたい。帰無仮説と対立仮説はどういうふうに設定すればいいかわかる？」花京院はテーブルの上に集計結果を広げた。

「こうじゃないかな」

> 帰無仮説 H_0：旧デザインと新デザインの売り上げ平均額は同じ
> 対立仮説 H_1：新デザインのほうが旧デザインより売り上げ平均額が大きい

「なるほど。H_1 をより限定したかたちで定義したんだね。H_1 がこうなる理由を説明できる？」

「サイトデザインを変更したのは、売り上げを増やすためでしょ。私が主張したいことは、《新デザインのほうが旧デザインより売り上げ平均額が大きい》ってことだから」

「OK。では次に、帰無仮説のもとで検定統計量 T を計算しよう」

「検定統計量ってなに？」

「紅茶の例だと正解数、さっき説明した正規分布の例だと確率変数 X のことだよ。統計的検定では、ある確率変数の実現値が棄却域に入っているかどうかを確かめる。棄却域に入るかどうかを調べる対象になっている確率変数を検定統計量と言うんだ。今回は2つの確率変数の差を検定するから、ちょっとした計算が必要だ」

8.4　正規分布の性質

「まず正規分布の性質の確認から始めよう。2 つの正規分布にしたがう確率変数の差は、やはり正規分布にしたがうという性質を持っている」

> **命題 8.1**
> 確率変数 X_1 と X_2 がそれぞれ正規分布にしたがうと仮定する。
> $$X_1 \sim N(\mu_1, \sigma_1^2), \quad X_2 \sim N(\mu_2, \sigma_2^2).$$
> このとき X_1, X_2 が独立なら、その差 $X_1 - X_2$ も次の正規分布にしたがう。
> $$X_1 - X_2 \sim N(\mu_1 - \mu_2, \sigma_1^2 + \sigma_2^2)$$

「命題だから証明が必要だけど、別の機会に確認するとして、今回はこの命題が成り立つことを前提に話を進めるよ[*3]。次に、標本から計算した平均の平均は、サンプルサイズが大きいと正規分布に近似的にしたがう。これを中心極限定理という」

「ちょっとなに言ってるかわからない。情報量多すぎるよー」

「大丈夫、大丈夫。いまから順番に確認していくから。まず僕らが興味を持つ対象全体を母集団という。この場合、商品購入額の分布が母集団だ。これを確率変数 X で表す。

$$(X_1, X_2, \ldots, X_n) \quad \text{サイズ } n \text{ の標本（確率変数）}$$
$$(x_1, x_2, \ldots, x_n) \quad \text{サイズ } n \text{ のデータ（実現値）}$$

これを使って、

$$\bar{X} = \frac{1}{n}(X_1 + X_2 + \cdots + X_n) \quad \text{（確率変数）}$$
$$\bar{x} = \frac{1}{n}(x_1 + x_2 + \cdots + x_n) \quad \text{（実現値）}$$

を定義し、それぞれ標本平均、平均値と呼ぶことにする。これまで同様、大文字が確率変数で、小文字がその実現値だよ。中心極限定理は、次の定理のことだよ」

[*3] 証明は、小針（1973:117-121）を参照してください。文献情報は第 9 章末尾です

> **定理 8.1 (中心極限定理)**
> 確率変数 $X_1, X_2, \ldots, X_n$ を母集団からの標本とし、独立に同じ分布にしたがうと仮定する(各 X_i は同一の平均 μ と分散 σ^2 を持つ)。このとき n が十分に大きければ
> $$\bar{X} \text{ は正規分布 } N\left(\mu, \frac{\sigma^2}{n}\right) \text{ に近づく}$$
> さらに、$\bar{X}$ を標準化した分布
> $$\frac{\bar{X} - \mu}{\sigma/\sqrt{n}} \text{ は正規分布 } N(0,1) \text{ に近似的にしたがう}$$

「この命題は、どんな分布の母集団についても成立するってところがポイントだよ[*4]。つまり購入額の分布(母集団の分布)が正規分布でなくても、標本平均を標準化した分布は、n が大きいとき近似的に正規分布にしたがうんだ。だから、データから計算した平均値は、正規分布にしたがう確率変数 $\bar{X}$ の実現値と見なすことができる」

「もとがどんな分布でも、平均をとると正規分布で近似できるんだね。でも平均が分布を持つって言われてもよくわからないなー。データから計算した平均値は1つの値でしょ。どうして分布なの?」

「それはね、
$$\bar{X} = \frac{1}{n}(X_1 + X_2 + \cdots + X_n)$$
が確率変数だからだよ。右辺の $X_1, X_2, \ldots, X_n$ がそれぞれ確率変数だってことはわかるね? 添え字の $1, 2, \ldots, n$ は、客1の購入額、客2の購入額、$\ldots$, 客 n の購入額に対応している」

「うん。そこまではわかる」

「《確率変数を足しあわせると、それもまた確率変数になる》、これは覚えてる?」

「前にやったやつだね」

「特定の条件を満たす確率変数であれば、合計してその個数で割った確率変数、言い換えると《標本平均》という名前の確率変数の分布は、n が大きいと正規分布に近づく。これが中心極限定理の直感的な意味だよ」

[*4] 証明は河野(1999:166-174)、小針(1973:107-116)を参照してください

8.4 正規分布の性質

次に重要なポイントは、《標本平均》が正規分布にしたがうとき、標本平均の差も正規分布にしたがう、という性質だよ（命題 8.1 の系）。つまり

$X_1, X_2, \ldots, X_{n_1}$ を平均 μ_1, 分散 σ_1^2 の分布からの標本
$Y_1, Y_2, \ldots, Y_{n_2}$ を平均 μ_2, 分散 σ_2^2 の分布からの標本

として、それぞれの標本平均を $\bar{X}, \bar{Y}$ とおくと、$\bar{X}, \bar{Y}$ は n が大きいとそれぞれ正規分布に近づき、$\bar{X} - \bar{Y}$ は正規分布に近づく。つまり近似的に

$$\bar{X} - \bar{Y} \sim N\left(\mu_1 - \mu_2, \frac{\sigma_1^2}{n_1} + \frac{\sigma_2^2}{n_2}\right)$$

となる。

さらに、この確率変数 $\bar{X} - \bar{Y}$ をその平均 $\mu_1 - \mu_2$ と標準偏差 $\sqrt{\frac{\sigma_1^2}{n_1} + \frac{\sigma_2^2}{n_2}}$ で標準化した

$$\frac{\bar{X} - \bar{Y} - (\mu_1 - \mu_2)}{\sqrt{\frac{\sigma_1^2}{n_1} + \frac{\sigma_2^2}{n_2}}}$$

は、標準正規分布 $N(0,1)$ にしたがう。ちょっと式の見た目は複雑だけど、

$$X \sim N(\mu, \sigma^2) \iff \frac{X - \mu}{\sigma} \sim N(0,1)$$

と言ってることは同じだよ。

「えーっと、どうして $\bar{X} - \bar{Y}$ を標準化した確率変数を考えなきゃいけないんだっけ」

「$\bar{X} - \bar{Y}$ を標準化した確率変数が、ここで使いたい検定統計量なんだよ。この確率変数が標準正規分布にしたがうっていう性質を利用して、帰無仮説が棄却できるかどうかを調べるんだ」

検定したい仮説を再確認しておくと、

H_0 : 旧デザインと新デザインの売り上げ平均額は同じ
H_1 : 新デザインのほうが旧デザインより売り上げ平均額が大きい

だったから、旧デザインの売り上げ平均を μ_1、新デザインの売り上げ平均を μ_2 と定義すれば、

帰無仮説 $H_0 : \mu_1 = \mu_2$
対立仮説 $H_1 : \mu_1 < \mu_2$

と表すことができる。

さて、帰無仮説が正しければ $\mu_1 - \mu_2 = 0$ だから、このとき検定統計量は

$$\frac{\bar{X} - \bar{Y} - (\mu_1 - \mu_2)}{\sqrt{\frac{\sigma_1^2}{n_1} + \frac{\sigma_2^2}{n_2}}} = \frac{\bar{X} - \bar{Y}}{\sqrt{\frac{\sigma_1^2}{n_1} + \frac{\sigma_2^2}{n_2}}}$$

となる。ここで

$$T = \frac{\bar{X} - \bar{Y}}{\sqrt{\frac{\sigma_1^2}{n_1} + \frac{\sigma_2^2}{n_2}}}$$

とおいて、これをあらためて検定統計量 T と定義する。

「いま、検定統計量 T のパラメータである σ_1, σ_2 は真の値がわからないけど、その値が標本から計算した標準偏差で代用できると仮定する。この仮定のもとで、データから得た $\bar{X}, \bar{Y}, \sigma_1, \sigma_2$ を代入して T の値を計算してみよう。さて、有意水準を 0.01 に設定した場合の棄却域はどうなる？」花京院が質問した。

「うーんと、いまの場合、対立仮説は $H_1 : \mu_1 < \mu_2$ なんだよね。ってことは、本当は μ_2 のほうが大きいって言いたいんでしょ。μ_2 が大きいことの証拠としては、$\bar{Y}$ の実現値が大きいほどいいから……」

「$\bar{Y}$ の実現値が大きいと、検定統計量

$$T = \frac{\bar{X} - \bar{Y}}{\sqrt{\frac{\sigma_1^2}{n_1} + \frac{\sigma_2^2}{n_2}}}$$

はどういう値になるだろう？」花京院が助け舟を出した。

「えーっと、$\bar{Y}$ の実現値が $\bar{X}$ より大きければ、T はマイナスの値になるよ。ってことは、T が負の値のほうがうれしいんだ。有意水準が 0.01 だから、$0.01 \approx P(T < ?)$ になるような数字？を考えればいいんだね。えーっと、これは

$$0.01 \approx P(T < -2.33)$$

だよ。だから棄却域は $D = (-\infty, -2.33]$ だ」

「OK。棄却域は決まった。その条件でデータの数値を当てはめて計算してみよう。

$$T = \frac{\bar{X} - \bar{Y}}{\sqrt{\frac{\sigma_1^2}{n_1} + \frac{\sigma_2^2}{n_2}}} = \frac{5000 - 5100}{\sqrt{\frac{500^2}{1000} + \frac{500^2}{1000}}} = \frac{-100}{10\sqrt{5}} = \frac{-10}{\sqrt{5}} \approx -4.49422$$

「$-4.49422 \in (-\infty, -2.33]$ だから、たしかに検定統計量は棄却域に入っている。よって H_0 を有意水準 0.01 で棄却する。もし $\mu_1 = \mu_2$ なら T は $N(0,1)$ にしたがう。T の値が -4.49422 より小さい確率を計算してみると、

$$P(T < -4.49422) \approx 0.000003491$$

だから、非常に小さい確率であることがわかる。検定統計量の確率密度関数のグラフを確認しておこう」

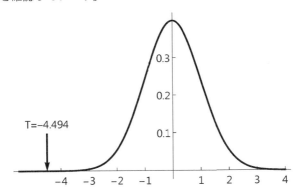

8.5 サンプルサイズの設計

「検定の考え方、わかった？」

「えーっと、まず2つの集団の平均値に差がないと仮定する。次にその仮定のもとで標準正規分布にしたがう確率変数（検定統計量）の実現値が小さな確率でしか起こらない範囲に入っているかどうかを確認する。もし、ものすごく珍しい結果だとわかった場合には、仮定が間違っていたと判断して、帰無仮説を棄却する。どう？ こんな感じであってる？」

「うん。いいと思うよ」

「ただ、ちょっと気になることがあるんだけど」

「なに？」

「検定統計量 T を計算するとき、分母は

$$\sqrt{\frac{\sigma_1^2}{n_1} + \frac{\sigma_2^2}{n_2}}$$

で、この中の n_1, n_2 ってサンプルサイズでしょ？」

「そうだよ」

「たくさんの人についてデータをとれば、n_1, n_2 はどんどん大きくなるんだよね？ ってことはさ、T の分母はどんどん小さくなるから、T そのものは 0 から離れた極端な値をとりやすくなるよね？」

「うん」花京院がうなずいた。

「それで T の値が 3 以上とか -3 以下みたいな極端な値をとると、帰無仮説は棄却されるでしょ？ これってなんかヘンじゃない？」

「いい点に気づいたね。$\bar{X}$ と $\bar{Y}$ の実現値の差がどんなにわずかであったとしても、n_1 や n_2 が大きければ、対立仮説 $H_1 : \mu_1 \neq \mu_2$ のもとで帰無仮説を棄却できる。つまり、どんなにわずかな差でも統計的に有意と判断できる」

「やっぱり、そうだよね」

「たとえば東京都に住む人の平均体重と大阪府に住む人の平均体重はわずかに異なっているはずだ。だからサンプルサイズが大きければ、どんなにわずかな差でも統計的には有意な差となる。問題は、その違いを生み出すようなメカニズムがあるかどうか？ 実質的な意味があるかどうか？ という点なんだよ」

「そっかー」

「だから、検出力を基準にサンプルサイズを決める、という方法がある」

「けんしゅつりょく……？」

「検出力は、対立仮説が正しい場合に、帰無仮説を棄却する確率だよ。実際に成立している説は H_0 か H_1 のどちらかだし、検定の結果支持される仮説も H_0 か H_1 のどちらかなので、結果は 4 通りの組み合わせがある」

	本当に成立している説	
	H_0	H_1
検定結果 H_0	正しい $1-\alpha$	タイプ 2 エラー β
検定結果 H_1	タイプ 1 エラー 有意水準 α	正しい 検出力 $1-\beta$

「対立仮説を主張したい場合は、間違っている確率を小さく（α を小さく）、正しい確率を大きく（$1-\beta$）したい。検出力 $1-\beta$ は、実際に H_1 が正しいときに、H_1 を支持する（H_0 を棄却する）確率だから、この値は 0.9 や 0.95 などの、なるべく大きい値にしたい。そこで、例として

> 平均値の差が 100 の場合に、有意水準 $\alpha = 0.01$、検出力 $1-\beta = 0.95$ で、帰無仮説 H_0 を棄却するのにどの程度のサンプルサイズが必要か

という問題を考えてみよう」

「サンプルサイズを有意水準と検出力から決めるって、どうやるの？」

そんな話を青葉は聞いたことがなかった。サンプルサイズはとにかく大きければよい、という知識しかなかったからだ。花京院が説明を続けた。

まず仮説を確認する。

> 帰無仮説 $H_0: \mu_1 = \mu_2$ （売り上げは等しい）
> 対立仮説 $H_1: \mu_1 < \mu_2$ （新しいウェブサイトのほうが売り上げが大きい）

帰無仮説 H_0 が正しいときの検定統計量 T は

$$T = \frac{\bar{X} - \bar{Y}}{\sqrt{\frac{\sigma_1^2}{n_1} + \frac{\sigma_2^2}{n_2}}}$$

だよ。有意水準を $\alpha = 0.01$ に設定するとは、H_0 と H_1 のもとで

$$\alpha = 0.01 = P(T < -2.33)$$

という確率を基準に、観察結果が偶然かどうかを判断することを意味する。

だから、有意水準 0.01 で帰無仮説 H_0 を棄却するための棄却域は

$$D = (-\infty, -2.33]$$

になるんだった。ここまでは復習だよ。

さて、ここから出発して、H_1 が正しいという状況について考える。

まず、H_1 が正しいとき、$\mu_1 - \mu_2 = 0$ではないから、

$$\frac{\bar{X} - \bar{Y} - (\mu_1 - \mu_2)}{\sqrt{\frac{\sigma_1^2}{n_1} + \frac{\sigma_2^2}{n_2}}} \neq \frac{\bar{X} - \bar{Y}}{\sqrt{\frac{\sigma_1^2}{n_1} + \frac{\sigma_2^2}{n_2}}}$$

となっている。このとき確率変数

$$\frac{\bar{X} - \bar{Y} - (\mu_1 - \mu_2)}{\sqrt{\frac{\sigma_1^2}{n_1} + \frac{\sigma_2^2}{n_2}}}$$

は、正規分布の標準化によって標準正規分布 $N(0,1)$ にしたがうから、これをあらためて

$$Z = \frac{\bar{X} - \bar{Y} - (\mu_1 - \mu_2)}{\sqrt{\frac{\sigma_1^2}{n_1} + \frac{\sigma_2^2}{n_2}}}$$

とおく。$Z \sim N(0,1)$ だよ。僕たちが知りたいのは、有意水準 α で帰無仮説 H_0 を棄却しつつ、仮説 H_1 が正しい確率が十分高い $1-\beta$ になるような条件だ。そこで、検定統計量 T に関する確率を次のように変形する。

$$\begin{aligned}
P(T < -2.33) &= P\left(\frac{\bar{X} - \bar{Y}}{\sqrt{\frac{\sigma_1^2}{n_1} + \frac{\sigma_2^2}{n_2}}} < -2.33\right) \\
&= P\left(\frac{\bar{X} - \bar{Y} - (\mu_1 - \mu_2) + (\mu_1 - \mu_2)}{\sqrt{\frac{\sigma_1^2}{n_1} + \frac{\sigma_2^2}{n_2}}} < -2.33\right) \\
&\qquad\qquad\qquad\text{分子に } -(\mu_1 - \mu_2) + (\mu_1 - \mu_2) \text{ を加えた} \\
&= P\left(Z + \frac{\mu_1 - \mu_2}{\sqrt{\frac{\sigma_1^2}{n_1} + \frac{\sigma_2^2}{n_2}}} < -2.33\right) \qquad Z \text{ で置き換える}
\end{aligned}$$

「あれ？ どうしてわざわざ、$-(\mu_1 - \mu_2) + (\mu_1 - \mu_2)$ を加えたの？」青葉が首をひねった。

8.5 サンプルサイズの設計

「検定統計量 T に関する式を確率変数 Z に関する式に置き換えるためだよ。ここがちょっとトリッキーだけど、サンプルサイズを理論的に決めるために必要な変形なんだ」

この確率変数 Z が不等式を満たす確率（H_1 が正しいという条件のもとで H_0 を棄却する確率）が検出力 $1-\beta$ だ。

$$1-\beta = P\left(Z < -2.33 - \frac{\mu_1 - \mu_2}{\sqrt{\frac{\sigma_1^2}{n_1} + \frac{\sigma_2^2}{n_2}}}\right).$$

さて、ここで $1-\beta = P(Z < a)$ という変数 a を導入する。すると上式より

$$a = -2.33 - \frac{\mu_1 - \mu_2}{\sqrt{\frac{\sigma_1^2}{n_1} + \frac{\sigma_2^2}{n_2}}}$$

と書ける。また、簡略化のために、集団 1 と集団 2 の母分散およびサンプルサイズは等しいと仮定する。つまり

$$\begin{aligned} n_1 &= n_2 = n \\ \sigma_1^2 &= \sigma_2^2 = \sigma^2 \end{aligned} \tag{1}$$

を仮定する。すると

$$a = -2.33 - \frac{\mu_1 - \mu_2}{\sqrt{\frac{\sigma_1^2}{n_1} + \frac{\sigma_2^2}{n_2}}}$$

$$a = -2.33 - \frac{\mu_1 - \mu_2}{\sqrt{\frac{2\sigma^2}{n}}} \qquad \text{仮定 (1) より}$$

$$\frac{\mu_1 - \mu_2}{\sqrt{\frac{2\sigma^2}{n}}} = -a - 2.33 \qquad \text{項を整理する}$$

$$\frac{\sqrt{n}(\mu_1 - \mu_2)}{\sqrt{2\sigma^2}} = -a - 2.33 \qquad \text{左辺に }\frac{\sqrt{n}}{\sqrt{n}}\text{ をかける}$$

$$\sqrt{n} = (-a - 2.33)\frac{\sqrt{2\sigma^2}}{\mu_1 - \mu_2} \qquad \text{項を整理する}$$

$$n = \frac{(-a - 2.33)^2 (2\sigma^2)}{(\mu_1 - \mu_2)^2} \qquad \text{両辺を 2 乗する}$$

$$n = \frac{2(-a - 2.33)^2}{(\frac{\mu_1 - \mu_2}{\sigma})^2} \qquad \sigma^2 \text{を整理する}$$

$$n = 2\left(\frac{-a - 2.33}{\Delta}\right)^2$$

最後は

$$\Delta = \frac{\mu_1 - \mu_2}{\sigma}$$

という記号で置き換えたよ。Δ は、平均の差が標準偏差の何倍か、という量を表している。

「では、さっそく

$$n = 2\left(\frac{-a - 2.33}{\Delta}\right)^2$$

を使って、必要なサンプルサイズを計算してみよう。売り上げに 100 円の差があれば、年間の売り上げで十分に利益が出るから、

$$\Delta = \frac{\mu_1 - \mu_2}{\sigma} = \frac{5000 - 5100}{500} = -0.2$$

と仮定する。これだけの差があるという対立仮説を、有意水準 $\alpha = 0.01$、検出力 $1 - \beta = 0.95$ という設定の検定で支持したいとする。a の定義より

$$1 - \beta = P(Z < a)$$
$$0.95 \approx P(Z < 1.65)$$

だから、$a = 1.65$ である。これを代入すれば、

$$n = 2\left(\frac{-a - 2.33}{\Delta}\right)^2 = 2\left(\frac{-1.65 - 2.33}{-0.2}\right)^2 \approx 788.522$$

となる。つまり、1 集団につき 789 人ほど調べればいいという結論になる」

「ってことは、どちらの集団も 1000 人調べているから、今回の調査では問題なさそうだね」

「まあ理想としては、調査の前に $\Delta, \alpha, 1 - \beta$ を決めてからサンプルサイズを設定するのがいいんだけどね」

「検定の原理を全然理解してなかったことがよくわかったよ……」

8.6 理論の必要性

「A/Bテストを実施するうえで、気をつけたほうがいい点は、平均の差がどうして生じたのかを説明する一般的な理論を前もって考えることなんだ。統計の理論じゃなくて、対象となる人や集団にかんする理論ってことだよ。ウェブベースのA/Bテストは、いまでは技術的に簡単にできる。そして、サンプルサイズさえ確保すれば、微少な差でも有意であることを示せるだろう。だから、やみくもに差があるということだけを追求しても、あまり意味はない」

「うーん、差を説明するための理論かあ。私の苦手なやつだよ。理論ってなんなのかよくわからないもん」

「別に難しいことじゃないよ。たとえば、旧デザインよりも新デザインのほうが売り上げが増加すると予想したとき、どういう仕組みで増加すると考えていたわけ？」

「えーっとね、新デザインだと、たとえばシャツを買おうとして検索している人に対して、そのシャツにあうようなジャケットとかボトムスをおすすめするんだよ」

「そうそう。そんな感じで次は、どうして組み合わせをすすめられると、人はその商品を購入する確率が高くなるのか？　を、もう一段抽象的なレベルで考える。それを繰り返していけば、商品購入に関する人間行動の一般理論ができあがってくるんだよ」

「そんなこと考えてる人、うちの会社にいるのかな」

「もし考えていないのなら、それを考えることのできる企業は考えてない企業よりも有利な立場に立てるだろうね」

青葉は花京院が会社で働く姿を想像してみた。彼ならば、さまざまな知識や数理モデルを駆使して、ビジネスの場面での応用を考えることができるような気がした。

しかし一方で、花京院は会社で働いているよりも、静かに本を読んでいる姿のほうが似合っていると彼女は思った。

第8章 ● その差は偶然でないと言えるのか？

> **まとめ**
> - 仮説検定のための棄却域は、有意水準と対立仮説の中身に依存して決まる
> - 統計的検定は、特定の統計モデル（帰無仮説）のもとでデータから得た統計量が観察される確率を計算し、それが珍しいといえるかどうかを確かめる手続きである
> - 検定の性質上、サンプルサイズが大きくなると、どんな微少な差でも統計的に有意な差となる。したがって検定の前に、あらかじめ確認したい効果量を決めたうえで、サンプルサイズを決めておくことが望ましい
> - 必要なサンプルサイズは、効果量と検出力と有意水準から逆算することができる

参考文献

小寺平治，1996，『新統計入門』裳華房．

> 初学者向けの統計のテキストです。高校生くらいから読める難易度で、記述統計、確率論の基礎、推測統計、仮説検定を簡潔に解説しています。平均値の差の検定について参照しました。

河野敬雄，1999，『確率概論』京都大学学術出版会．

> 大学生向けの公理論的確率論のコンパクトなテキストです。高校レベルの確率統計から次のレベルに進むのに適しています。ド・モアブル＝ラプラスの中心極限定理（2項分布の極限として正規分布を導く命題）の詳しい証明が載っています。より一般的な条件のもとでの中心極限定理についても解説があります。

永田靖，2003，『サンプルサイズの決め方』朝倉書店．

> 検定の基礎理論と、さまざまな状況でのサンプルサイズの設計方法を解説した大学生〜専門家向けのテキストです。他の本ではあまり解説のない、有意水準と検出力からサンプルサイズを計算する方法を詳しく説明しています。

第9章

ネットレビューは
信頼できるのか？

第 9 章
ネットレビューは信頼できるのか？

9.1 ユーザーレビュー

　青葉が提案したランダム化比較試験の結果、オンライン直販サイトのデザイン更新によって、1人あたりの平均購入額が100円増加することがわかった。100円の差はわずかではあるものの統計的に有意であり、顧客全体で年間売り上げを計算すると900万円近い増益を見込めるため、彼女の提案は一定の説得力があると社内で認められた。

　このことは、青葉の仕事に対する態度に明瞭な変化を引き起こした。

　それまで彼女は、会社で与えられた業務をただこなす日々を過ごしていた。仕事が嫌いなわけではなかったが、大好きというわけでもなかった。しかし自分の知識やアイデアが、実際に売り上げの増加に貢献することを経験した彼女は、そのとき初めて、自分が社会とつながっていることを実感した。大げさに言えば、外部の世界が自分の行動によって変化することを彼女は初めて知ったのだ。

　その結果、彼女はより能動的に仕事にかかわるようになった。また上司からの信頼を獲得し、新たな仕事を依頼されるようになった。以前の彼女なら、単に面倒なことだとしか感じなかったが、いまではそれが、クリアすべき楽しい目標に感じられた。

　上司からの今回の依頼は、販売サイトのユーザーレビューのデータ分析だった。具体的には、オンライン直販サイトに書き込まれた各商品のレビューから、増産すべき商品を選定する仕事だった。この依頼は、単に売れ行きのよい商品を増産するという単純なタスクではなかった。顧客の反応から、本当に評判のよい商品を選び、今後ブランド力を高める商品の特徴を見

極めるという、少し難易度の高いオーダーである。

　青葉に渡されたデータは、商品ごとのユーザーレビューの単純集計だった。このレビューは、最も低い満足度（星1つ）から最も高い満足度（星5つ）の得点分布である。

　そもそもユーザーレビューはどの程度信用できるのか？ それがこの仕事を遂行するうえで、彼女の最初の疑問だった。

9.2　陪審定理

　仕事に対する自己効力感が高まってきたみたいだね、と花京院は青葉の心境変化を評した。

　「なによ、ジココーリョクカンって」青葉が聞いた。

　「簡単に言うと、やればできるという自信だよ」

　「ああ、そういうことか。たしかに以前よりは、仕事に積極的になったかな」青葉は自分の身に起きた変化を肯定した。

　「いいことなんじゃない？ つまらないと思いながら働くより、楽しいほうがいいよ。で、新たな問題ってなに？」

　「ユーザーレビューの分析を頼まれたんだけど、ちょっと気になることがあるんだ」

　「気になること？」花京院が聞いた。

　「つまり売上額とは違って、レビューって主観的なものでしょ？ しかも匿名じゃん？ そのデータをそもそも信頼できるのかっていう問題」

　「なかなか慎重にデータを観察する姿勢が身についてきたね。君が持っているデータはたしかに匿名で、主観的な判断を集計したものにすぎない。ただし、集合的な意思決定は、個人の意思決定よりも、ある条件下では優れている。陪審定理って聞いたことある？」花京院はそう言うと、テーブルの上に広げた無地の計算用紙に式を書いた。

　「バイシンテイリ、うーん聞いたことないな」青葉は正直に答えた。

　「集団が n 人からなり、それぞれが独立に、ある命題の真偽を判定したと仮定する。このとき、1人1人が 0.5 よりも大きい確率で正しい決定をできるならば、集団の人数 n が増えると、多数決によって正しい判定を選択する確率が1に近づく」

　「ちょっとなに言ってるかわからない」

「たとえば陪審員が、ある被告の罪について有罪かどうかを判定する場面を考える。各陪審員が被告の罪を正しく判定できる確率が 0.5 よりも大きいとする。すると、大勢の陪審員が多数決によって被告の罪を決定すると、真に正しい判決を下す確率が、陪審員の数とともに増え、1 に近づくという意味だよ。この定理を、商品に対するユーザーレビューの文脈で考える。まずユーザー 1 人 1 人がある商品について、その品質が《よい》か《悪い》かを判定する。このときユーザーの判断は独立で、商品の品質を正しく判定できる確率が 0.5 よりも大きいと仮定する」

「うーんと、裁判の例はわかるけど、商品の品質を正しく判定できる確率っていうのがよくわからないな。被告が罪を犯しているかどうかは客観的に決まっているはずだけど、商品の品質って、客観的に決まっていると考えていいの？」

「そこは、客観的に決まっていると仮定する。もし君が顧客の判断を 100% 信頼できるなら、確率は考えなくていい。でもたまに顧客のレビューが間違うという可能性も考えられる」

「たとえば？」

「そうだな……。君の会社で扱っている商品は洋服だから、サイズを間違って購入したお客さんを想像してみよう。ある商品の品質が客観的には《よい》にもかかわらず、サイズを間違って購入した人が《悪い》というレビューを書いたとしよう。そのレビューは正しい判断とは言いがたい」

「たしかにその場合は、正しい判断じゃなさそうだね。なるほど、わかってきたよ。レビュー自体は主観的かもしれないけど、客観的な品質は各ユーザーの主観とは別に決まっているってことだね」

「そういうこと。では、1 人 1 人の判断の正しい確率が 0.5 よりも大きい場合に、多数決によってその商品の品質を判定したらどうなるか？」

「多数決か……、1 人 1 人の確率が 0.5 よりも大きいんだから、多数決の結果も正しい可能性が高いのかな？」

「陪審定理は、集団人数 n が限りなく大きくなるとき、多数決によって正しい判定に到達する確率が 1 に近づくと主張している。人数が多ければ、確率 1 に収束するっていう点が重要だよ」

「へえー。確率 1 か。けっこう強い主張だね」

では、定理が主張する内容をもう少し正確に確認しておこう。

1人1人が独立に確率 p で正しい決定を下すと仮定する（ただし $p > 0.5$）。個人 i の判断はベルヌーイ分布にしたがう確率変数 X_i で表すことができる。n 人のうち x 人が正しい決定を下す確率は、2項分布の確率関数

$$P(X = x) = {}_nC_x p^x (1-p)^{n-x}$$

で表される（第2章参照）。

ここで、新たに確率変数

$$\bar{X} = \frac{X_1 + X_2 + \cdots + X_n}{n}$$

を定義する。$X_i = 1$ は個人 i が正しい判断を下した状態だから、$\bar{X}$ は、集団の中で正しい判断を下した人の割合に等しい。

したがって、$\bar{X}$ が 0.5 よりも大きいことは、過半数の人間が正しい判断をしたことを意味する。この確率を

$$P(\bar{X} > 0.5)$$

と表す。これは、多数決によって正しい判断に到達できる確率だよ。

$P(\bar{X} > 0.5)$ が、人数 n の増加によってどのように増えるのかをグラフで表してみよう。このグラフは、各個人の正しい確率が $p = 0.55$ の場合に、多数決が正しい確率 $P(\bar{X} > 0.5)$ を示している。

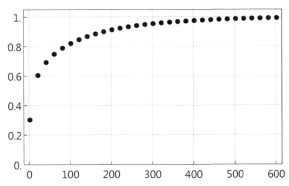

$p = 0.55$ の場合の、多数決が正しい確率 $P(\bar{X} > 0.5)$

人数が増えるごとに、多数決の正しい確率がどんどん 1 に近づく様子が見てとれる。この数値例だと、$n = 500$ のとき、多数決の正しい確率は約 0.986 まで上昇する。

確率 $P(\bar{X} \geq 0.5)$ は、n の増加とともに単調に増加する。1 人の正しい判断確率が $p > 0.5$ という条件下では

$$\lim_{n \to \infty} P(\bar{X} \geq 0.5) = 1$$

が成立する。これがコンドルセの陪審定理と呼ばれる命題だ。

「三人寄れば文殊の知恵の n 人版ってとこかな」花京院は楽しそうにつぶやいた。

彼がなんのために陪審定理の話を始めたのか、青葉は最初はよく理解できなかった。しかし説明を聞いているうちに、ようやくその定理が自分の仕事に対して持つ含意を理解した。

匿名のレビューを一種の多数決と見なし、その集合的判断がある商品を高く評価しているならば、実際にその商品は《よい》ものだ、と見なすことには一定の根拠がある。青葉はそう理解した。

「ただし、注意すべき点がある」花京院は説明を続けた。「1 人 1 人の正しい判断確率が 0.5 よりわずかでも大きいという仮定は本当に満たされているか？ 個人の判断は独立か？ これらの点は慎重に考えないといけない」

「でも、品質は《よい》か《悪い》かの 2 通りしかないから、でたらめに判断したとしても、正しい確率は 1/2 でしょ。商品を買った人なら、正しい判断ができる確率は 1/2 より大きいんじゃない？」

「購入者だけがレビューを投稿できるシステムなのかな？」花京院が確認した。

青葉は返答につまった。彼女の記憶が正しければ、レビューは誰でも書けるシステムだった。

「そもそも、正しいか間違っているか、2 つに 1 つを選ぶ場合であっても、人が正しい道を選ぶ確率は 1/2 とは限らないよ」

「え。嘘だあ」青葉は、花京院の主張を信じなかった。その様子を見て、花京院はこう質問した。

「ちょっと簡単なクイズをやってみよう。『次にあげる 5 組の国から、議会

の総議席数における女性議員数の比率が高いほうの国を選べ』っていうクイズだよ」

花京院は、計算用紙に 5 組の国名を並べて書いた。

スウェーデン	or	ルワンダ
ニカラグア	or	フィンランド
アイスランド	or	セネガル
ボリビア	or	ドイツ
イタリア	or	エクアドル

「君ならどう答える？」

青葉はそれぞれのペアを見比べながら慎重に考えた。もちろん各国の正確なデータを知っているわけではない。そこで彼女は、経済発展の度合いが高い国のほうが、女性議員数の比率が高いのではないかと予想した。

青葉は順番に、女性議員比率が高いと思う国名に○をマークしていった。

○スウェーデン	or	ルワンダ
ニカラグア	or	○フィンランド
○アイスランド	or	セネガル
ボリビア	or	○ドイツ
○イタリア	or	エクアドル

「君の答えは、まさに模範解答だよ」花京院は彼女の答えを見て微笑んだ。

青葉は、自分の答えに自信があるわけではなかったが、少なくとも半分くらいは正解しているだろうと予想した。

「全問不正解だ」

「えー！ ほんとに？」青葉は思わず声をあげた。

「正解は真逆で、こうだよ」花京院が正解を示した[*1]。

[*1] Inter-Parliamentary Union (http://archive.ipu.org/wmn-e/classif.htm) 上で公開された情報にもとづいています。下院または一院制議会における女性議員比率のデータ（2018 年 6 月 1 日時点）を参照しました

第9章 ● ネットレビューは信頼できるのか？

	スウェーデン（北欧）	or	○	ルワンダ（東アフリカ）
○	ニカラグア（中央アフリカ）	or		フィンランド（北欧）
	アイスランド（北欧）	or	○	セネガル（西アフリカ）
○	ボリビア（南米）	or		ドイツ（西欧）
	イタリア（西欧）	or	○	エクアドル（南米）

「各ペアは《ヨーロッパの国》と《アフリカ・南米の国》という組み合わせになっている。おそらく君は、ヨーロッパの国々のほうが、南米・アフリカの国々よりも、女性議員比率が高そうだと直感的に予想したんだろう」

「くっ……。認めたくない。若さゆえの過ちというものを」

「もし君が1問ごとにコインを投げて問題に答えたとしたら……、君がまじめに考えて回答した結果よりも正答率は高かっただろう。コインは問題の意味を理解しちゃいないけど、ランダムに正解を選ぶからだ。このクイズがなにを意味しているかわかる？」

青葉はクイズをすべて間違えたことのショックで、しばらくなにも言えなかった。

「問題の意味を理解できる君のほうが、かえって、余計な先入観にとらわれ、不正解を選ぶこともある。人間という生き物は、ときおり真剣に考えるがゆえに、バイアスや思い込みによって間違いを選ぶ。たとえ十分に知性的な人間であっても、集団的意思決定の結果として、間違った選択肢を選ぶことは十分にありえる」花京院は計算用紙に数式を1つ追加した。

1人の正しい判断確率が $p < 0.5$ という条件下では

$$\lim_{n \to \infty} P(\bar{X} > 0.5) = 0$$

が成立する。

「陪審定理のもう一つの顔だよ。1人1人の判断が正しい確率が、わずかでも 0.5 を下回るとき、集合的意思決定が正しい判断を下す確率は、n が増えると0に近づく」

「えー？ 多数決でもゼロになっちゃうの？」

「たとえば、日本国民全員で原子力発電所を使い続けるかどうかを投票したとしたらどうなるだろう？ 多数決によって原発を使う・使わないの判断をしたときに、その判断は正しいと言えるだろうか？ 難しい問題だ」

「うーん、そっかー。2択だからといって、1人1人の正答率が0.5より大きいとは限らないね」

「クイズの例が示すように、2者択一の問題であっても、人間の正答率は簡単に0.5を下回ることがある。その場合に多数決を信じてしまうと、恐ろしいことが起こる。多くの意思決定の局面で、それとは気づかないまま、集合的に間違った選択をしているんじゃないかと僕は心配している」

9.3 チェビシェフの不等式

「ところで、陪審定理がどうして成立するのか、知ってる？」

「うーん、そう言われてみれば、なんとなく直感的にはそうなんだろうなって思うけど」

「仕組みを考えてみよう。陪審定理は大数の弱法則を使って証明できる」

「大数の……、それって昔聞いたことあるよ。たしか回答のランダム化を教えてくれたときに、出てきたよね」

「大数の弱法則を証明するには、チェビシェフの不等式という命題を使う。この命題は、どんな分布でも平均のまわりに一定割合の実現値が集まるってことを示した定理なんだ。まず例から示そう」

ある確率変数 X の分散を $V[X]$ で表す。$\sqrt{V[X]} = \sigma$ と書いて、σ を標準偏差と呼ぶ。チェビシェフの不等式を使うと、どんな分布でも平均から $\pm 2\sigma$ の範囲から外れて実現する確率は、全体の $1/4$ 以下であることがわかる。

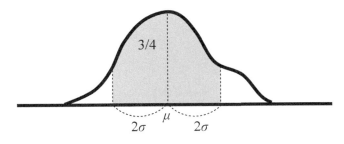

チェビシェフの不等式のイメージ

「ふむふむ、イメージはだいたいわかったよ」

「では命題を確認しておこう」

> **定理 9.1 (チェビシェフの不等式)**
> 確率変数 X の標準偏差を $\sigma = \sqrt{V[X]}$ とおく。任意の $a > 0$ について
> $$P(|X - \mu| \geq a\sigma) \leq \frac{1}{a^2}$$
> が成立する。

「$a = 2$ とおけば、

$$P(|X - \mu| \geq 2\sigma) \leq \frac{1}{4}$$
$$P(X \leq \mu - 2\sigma \quad \text{または} \quad X \geq \mu + 2\sigma) \leq \frac{1}{4}$$

だから、先ほど例で示したとおり、X が $\mu - 2\sigma$ から $\mu + 2\sigma$ の範囲の外で実現する確率が $1/4$ 以下であることがわかる。では証明を確認しよう」

はじめに $\{1, 2, \ldots, n\}$ を、次のような 2 つの集合 A, B に分割する。

$$A = \{i \mid |x_i - \mu| < a\sigma\} \qquad |x_i - \mu| < a\sigma を満たす i の集合$$
$$B = \{i \mid |x_i - \mu| \geq a\sigma\} \qquad |x_i - \mu| \geq a\sigma を満たす i の集合$$

このように定義すると、A, B は相互に排反で、$\{1, 2, \ldots, n\} = A \cup B$ という関係になっている。A の要素である i についてだけ x_i を足すことを

$$\sum_{i \in A} x_i$$

と書く。たとえば $A = \{1, 5, 9\}$ なら

$$\sum_{i \in A} x_i = x_1 + x_5 + x_9$$

だよ。$\sum$ と $i \in A$ を組み合わせて使うと、こんなふうに順番に並んでいない添え字を足せるから便利なんだ。同様に、B の要素である i についてだけ x_i を足すことを

$$\sum_{i \in B} x_i$$

と書く。この記号を使うと、

$$\sum_{i=1}^n x_i = \sum_{i \in A} x_i + \sum_{i \in B} x_i$$

のように分解できるよ。集合 A, B を使って、$V[X]$ を 2 つの和に分解しよう。

$$V[X] = \sum_{i=1}^n (x_i - \mu)^2 p_i$$
$$= \sum_{i \in A}(x_i - \mu)^2 p_i + \sum_{i \in B}(x_i - \mu)^2 p_i$$

ここで第 1 項を削除する。すると第 1 項は非負なので、右辺のほうが小さくなる。

$$\begin{aligned} V[X] &= \sum_{i \in A}(x_i - \mu)^2 p_i + \sum_{i \in B}(x_i - \mu)^2 p_i \\ &\geq \sum_{i \in B}(x_i - \mu)^2 p_i & \text{第 1 項を消す} \\ &\geq \sum_{i \in B}(a\sigma)^2 p_i & |x_i - \mu| \geq a\sigma \text{ を使う} \\ &= (a\sigma)^2 \sum_{i \in B} p_i & \text{定数を総和の外に出す} \end{aligned}$$

ここまでをまとめると

$$V[X] \geq (a\sigma)^2 \sum_{i \in B} p_i$$

だよ。この両辺を $(a\sigma)^2$ で割ると

$$\frac{V[X]}{(a\sigma)^2} \geq \sum_{i \in B} p_i \qquad (*)$$

になるね。

ここで $\sum_{i \in B} p_i$ は、集合 B の定義より、確率変数を使って $P(\quad)$ の形で書くと

$$\sum_{i \in B} p_i = P(|X - \mu| \geq a\sigma)$$

だから、$(*)$ より

$$\sum_{i \in B} p_i \leq \frac{V[X]}{(a\sigma)^2} \qquad (*)\text{を左右入れ換える}$$

$$P(|X - \mu| \geq a\sigma) \leq \frac{V[X]}{(a\sigma)^2}$$

$$= \frac{\sigma^2}{(a\sigma)^2} = \frac{1}{a^2}$$

よって

$$P(|X - \mu| \geq a\sigma) \leq \frac{1}{a^2}$$

が示せた。

「うーん、ちょっと難しいなー」

「慣れるまでは、時間をかけてフォローすればいいよ。どうしてもわからなかったら、その場所を覚えておいて先に進むといい。あとで振り返ったときに、以前と比べてわかるようになってるから」

「そんなものなのかな」

「ほんとうだよ。軽い力でカッターで線を引いても、厚い紙は切れない。でも何度も同じ作業を繰り返すと、やがてはどんな厚い紙でも切れる。そんなイメージだよ」

なんだかだまされているような気もするが、そんなものかなと青葉は思った。

9.4 大数の弱法則

「さて、準備が整ったから、本題に入ろう。大数の弱法則の直感的な意味は、ゆがみのないコインをたくさん投げると、《だいたい半分が表になること》だ。このことを確率論の言葉で表現してみよう。

いま確率 p で1、確率 $1-p$ で0が出るベルヌーイ確率変数を X で表す[*2]。すると X の期待値は

$$E[X] = 1 \times p + 0 \times (1-p) = p$$

[*2] 確率変数 X がベルヌーイ分布にしたがうことを省略して、本書では「X はベルヌーイ確率変数である」と書くことにします

だ。この X を n 個集めた和

$$X_1 + X_2 + \cdots + X_n$$

は、n 回試行の結果、1 が出た回数に等しい。だから、1 が出た回数を n で割った値は 1 の出現割合となる。

$$1 \text{ の出現割合} : \bar{X} = \frac{X_1 + X_2 + \cdots + X_n}{n}.$$

n が大きいときに、1 の出た割合 $\bar{X}$ が、p（各 X_i で 1 の出る確率）に近づくことを示したい。このことを確率で表現すると、たとえば

$$P(p - 0.001 < \bar{X} < p + 0.001) = 1$$
$$P(|\bar{X} - p| < 0.001) = 1 \quad \text{（絶対値でまとめた）}$$

となる。この式が成立していれば、1 が出た割合は十分 p に近いと言える。図で描くとこんな感じ。$\bar{X}$ は確率変数なのでいろんな値をとる」

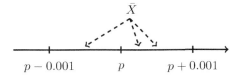

$\bar{X}$ が平均 p の近くで実現するイメージ

「でもさ、$\bar{X}$ と p との差が 0.001 以内って、いま花京院くんが適当に決めたんだよね。どのくらいの差に収まっていれば十分近いって言えるの？」

いいところに気がついた。$\bar{X}$ と p との差を記号 ε（イプシロン）で表し、$\varepsilon = 0.001$ でもいいし、$\varepsilon = 0.00001$ でもよいことにしよう。

このような任意の（どれだけ小さくてもよい）ε を使って表せば、

$$P(|\bar{X} - p| < \varepsilon) = 1$$

と表すことができる。$P(\ )$ の中の不等号をひっくり返せば、反対のできごとになるから

$$P(|\bar{X} - p| \geq \varepsilon) = 0$$

と書き換えることができる[*3]。意味は同じだよ。n が大きくなると、この確率がどんどん 0 に近づくことを、極限を使って

$$\lim_{n\to\infty} P(|\bar{X} - p| \geq \varepsilon) = 0$$

と表現する。

「これを使って大数の弱法則の証明を考えてみよう。ベルヌーイ確率変数でなくても成立するので、期待値 p は一般的な表現である μ に書き換えておくよ」

> **定理 9.2**(大数の弱法則)
> 互いに独立で同じ確率変数 $X_1, X_2, ..., X_n$ が、平均 μ と分散 σ^2 を持つ。このとき、任意の実数 $\varepsilon > 0$ について
>
> $$\lim_{n\to\infty} P(|\bar{X} - \mu| \geq \varepsilon) = 0$$
>
> が成立する。

証明

$$\bar{X} = \frac{X_1 + X_2 + \cdots + X_n}{n}$$

とおく。$\bar{X}$ は確率変数 $X_1, X_2, \ldots, X_n$ を足してから、n で割ってつくった確率変数だよ。$\bar{X}$ の分散を計算すると

$$\begin{aligned}
V[\bar{X}] &= V\left[\frac{X_1 + X_2 + \cdots + X_n}{n}\right] \\
&= V\left[\frac{1}{n}(X_1 + X_2 + \cdots + X_n)\right] \\
&= \frac{1}{n^2} V[X_1 + X_2 + \cdots + X_n] \\
&= \frac{1}{n^2} \{V[X_1] + V[X_2] + \cdots + V[X_n]\}
\end{aligned}$$

[*3] ここで、$P(A) = p$ ならば $P(A^c) = 1 - p$ という定理を使いました。たとえばサイコロで考えると《偶数が出ること》の余事象は《奇数が出ること》です。このとき $P(偶数が出る) = 0.5$ ならば $P(奇数が出る) = 1 - 0.5$ が成立します。この定理を $P(|\bar{X} - p| \geq \varepsilon)$ に対して適用しました。定理の証明は小針(1973:15)を参照してください

$$= \frac{1}{n^2}n\sigma^2 = \frac{\sigma^2}{n}.$$

2段目から3段目の変形では、

$$a \text{ が定数のとき } V[aX] = a^2 V[X]$$

が成立するという命題を使い（1.6節参照）、3段目から4段目の変形では、X_1 と X_2 が独立であるとき

$$V[X_1 + X_2] = V[X_1] + V[X_2]$$

が成立する、という命題を使ったよ。ここで、X_i に対してチェビシェフの不等式を使う。

$$P(|X_i - \mu| \geq a\sigma) \leq \frac{1}{a^2} = \frac{\sigma^2}{(a\sigma)^2}$$

$$P(|X_i - \mu| \geq \varepsilon) \leq \frac{V[X_i]}{\varepsilon^2}. \qquad a\sigma = \varepsilon \text{ とおく}$$

さらに X_i を $\bar{X}$ に置き換えれば、$\bar{X}$ の平均も μ だから

$$P(|\bar{X} - \mu| \geq \varepsilon) \leq \frac{V[\bar{X}]}{\varepsilon^2}$$

$$P(|\bar{X} - \mu| \geq \varepsilon) \leq \frac{\sigma^2}{n\varepsilon^2}$$

が成立する。1段目から2段目の変形で $V[\bar{X}] = \sigma^2/n$ を使ったよ。$P(|\bar{X} - \mu| \geq \varepsilon)$ は確率なので 0 以上だから

$$0 \leq P(|\bar{X} - \mu| \geq \varepsilon) \leq \frac{\sigma^2}{n\varepsilon^2}$$

が成り立つ。n について極限をとれば、

$$\lim_{n \to \infty} 0 \leq \lim_{n \to \infty} P(|\bar{X} - \mu| \geq \varepsilon) \leq \lim_{n \to \infty} \frac{\sigma^2}{n\varepsilon^2}$$

$$0 \leq \lim_{n \to \infty} P(|\bar{X} - \mu| \geq \varepsilon) \leq 0$$

となる。よって

$$\lim_{n \to \infty} P(|\bar{X} - \mu| \geq \varepsilon) = 0$$

となる。

これで大数の弱法則が証明できた。さっそくこれを使って陪審定理を証明しよう。

9.5 陪審定理の証明

あらためて陪審定理を書いておこう。

> **定理 9.3** (陪審定理)
> 各個人が独立に確率 $p > 0.5$ で正しい判断を行なうと仮定する。各個人の判断はベルヌーイ確率変数 X_i で表され、正しいときには 1、間違っているときには 0 の実現値をとる。このとき、確率変数
> $$\bar{X} = \frac{X_1 + X_2 + \cdots + X_n}{n}$$
> は、n 人のなかで正しい判断ができた人の割合を示す。よって、多数決で正しい判断ができる確率は $P(\bar{X} > 0.5)$ で表される。$P(\bar{X} > 0.5)$ は、n の増加とともに単調に増加する。1 人の正しい判断確率が $p > 0.5$ という条件下では
> $$\lim_{n \to \infty} P(\bar{X} > 0.5) = 1$$
> が成立する。

「証明の前に、定理の直感的なイメージを説明しておこう。$\bar{X}$ は正しい判断ができる人の割合だよ。仮定から、各個人が正しく判断できる確率 p は、0.5 よりも大きく、この p は $\bar{X}$ の平均 p に等しい。大数の弱法則によって、n が増えると、$\bar{X}$ が平均 p に近い値をとる確率が 1 に近づいていく。だから多数決で正しい判断ができる、というわけ。図で描けばこうだよ」

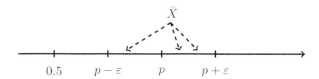

$\bar{X}$ が 0.5 より大きい p の近くで実現するイメージ

「そういうことかー。$\bar{X}$ の実現値が、0.5 よりも大きな p の近くに集中するんだね」

「では証明を確認しよう」

9.5 陪審定理の証明

証明

大数の弱法則により、任意の $\varepsilon > 0$ について、

$$\lim_{n \to \infty} P(|\bar{X} - p| \geq \varepsilon) = 0$$

が成立する。ここで p は $\bar{X}$ の平均である。不等号を反転させると余事象なので、

$$\lim_{n \to \infty} P(|\bar{X} - p| < \varepsilon) = 1$$

が成立する。絶対値を外して書けば

$$\lim_{n \to \infty} P(|\bar{X} - p| < \varepsilon) = 1$$
$$\lim_{n \to \infty} P(-\varepsilon < \bar{X} - p < \varepsilon) = 1 \quad \text{絶対値を外す}$$
$$\lim_{n \to \infty} P(p - \varepsilon < \bar{X} < p + \varepsilon) = 1 \quad \text{不等式に } p \text{ を足す}$$

となる。

ところで、$P(\bar{X} > 0.5)$ は確率なので、必ず

$$1 \geq P(\bar{X} > 0.5)$$

が成立する。次に仮定 $p > 0.5$ と $\varepsilon > 0$ より、どんな小さな ε をとっても $p + \varepsilon > 0.5$ である。これを使って $\bar{X}$ の範囲を上から制限することで

$$1 \geq P(\bar{X} > 0.5) \geq P(p + \varepsilon > \bar{X} > 0.5)$$

が成立する。ε は任意だから、$p - \varepsilon > 0.5$ を満たすような小さな ε を選ぶことができる。以下、ε は $p - \varepsilon > 0.5$ を満たすと仮定する。すると

$$1 \geq P(\bar{X} > 0.5) \geq P(p + \varepsilon > \bar{X} > 0.5) \geq P(p + \varepsilon > \bar{X} > p - \varepsilon)$$

となる。左から 3 つ目の式を除いて書けば

$$1 \geq P(\bar{X} > 0.5) \geq P(p + \varepsilon > \bar{X} > p - \varepsilon)$$

となる。ここで極限をとると

$$\lim_{n \to \infty} 1 \geq \lim_{n \to \infty} P(\bar{X} > 0.5) \geq \lim_{n \to \infty} P(p + \varepsilon > \bar{X} > p - \varepsilon)$$
$$1 \geq \lim_{n \to \infty} P(\bar{X} > 0.5) \geq 1$$

である。右辺が 1 と等しくなるところは、大数の弱法則を使ったよ。最後に、不等式のはさみうちを使えば

$$\lim_{n \to \infty} P(\bar{X} > 0.5) = 1$$

が示せるよ。

「うーん、ちょっと証明は難しかったなあ」青葉がため息をついた。

「そうだね、確率の不等式をつなげる部分が難しいかな。数直線を描いて、確率変数が実現する区間の長さを比較したら納得できると思うよ」

9.6 個人の確率が異なる場合

「でも、1 人 1 人が正しく判断できる確率 p が全員一緒っていうのが、ちょっと現実的じゃないかな」青葉が指摘した。

「いい疑問だよ。そういう場合はどうするんだっけ？」花京院からの質問を受けて、青葉はしばらく考え込んだ。

「……あ、そうだ。出会いモデルでまったく同じ問題を考えたよ。《確率 p で好きになる》っていうできごとを《確率 p で正しい判断をする》っていうできごとに置き換えて考えればいいんだ」

陪審定理が、表面的にはまったく異なる《出会いモデル》と数学的な構造を共有していることに、青葉は気づいた。

「個人間で確率 p がばらついていると仮定した場合の拡張モデルを使えばいいんだね。えーっと、あれ、なんだっけ」

「個人の判断確率 p がベータ分布にしたがっていると仮定しよう。すると多数決で正しい判断ができる確率は、ベータ 2 項分布を基準化した確率分布で計算できる」

花京院はベータ 2 項分布を使った計算例を考えはじめた。

ベータ 2 項分布の確率関数は

$$P(X = x \mid a, b) = {}_nC_x \frac{\mathrm{B}(a+x, b+n-x)}{\mathrm{B}(a, b)}$$

だった。ここでパラメータ a, b は、2 項分布のパラメータ p がベータ分布にしたがうと仮定した場合の、ベータ分布 $\mathrm{Beta}(a, b)$ のパラメータに対応して

いるよ。

平均が一致している、2項分布とベータ2項分布を比較してみよう。まず、2項分布

$$\mathrm{Bin}(n, p) = \mathrm{Bin}(50, 0.6)$$

を考える。この記号はパラメータが $n = 50, p = 0.6$ の2項分布を表しているよ。

次に、ベータ2項分布

$$\mathrm{BetaBin}(n, a, b) = \mathrm{BetaBin}(50, 6, 4)$$

を考える。パラメータを $n = 50, a = 6, b = 4$ とおいたよ。

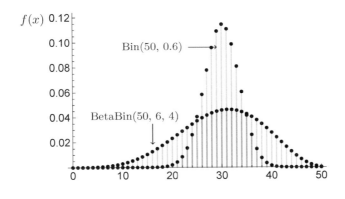

2項分布とベータ2項分布の確率関数の比較

ベータ2項分布の平均は

$$E[X] = \frac{an}{a+b}$$

だから、$\mathrm{BetaBin}(50, 6, 4)$ の平均は

$$E[X] = \frac{an}{a+b} = \frac{6 \times 50}{6+4} = 30$$

だ。これは、2項分布 $\mathrm{Bin}(50, 0.6)$ の平均

$$E[X] = np = 50 \times 0.6 = 30$$

と一致している。2つの分布の平均は同じだけど、分散は異なる。

2項分布は、各個人の正しい判断確率 p が共通な場合の、正しい判断をした人数を与えることを思い出そう。

一方でベータ2項分布は、各個人の正しい判断確率 p が個人間でばらついており、p がベータ分布 $\mathrm{Beta}(a,b)$ にしたがう場合の、正しい判断をした人数を与える。

では、判断確率 p が個人間で異なる場合の、多数決が正しい確率を計算してみよう。これはベータ2項分布で、正しい判断をした人数が過半数を超える確率を合計した値で決まる。

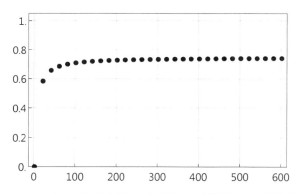

$a=6, b=4$ のベータ2項分布を仮定した場合の、多数決による判断が正しい確率

「あれれ、1に届かない」

「この計算結果から、p の分布（ベータ分布）の平均が 0.5 を超えていても、多数決による判断の正しい確率が 1 には到達しないことがわかる。個人間で判断確率 p がばらつく場合は、中には $p<0.5$ という人が混ざるから、多数決でも正しい判断に到達できないケースが生まれるというわけ」

「なるほどー」

「一般的な証明はまだできてないけどね」

「え、これで証明になってるんじゃないの？」

「これは、平均的に判断確率 p が 0.5 を超える場合でも陪審定理が成立しないってことの例でしかない。ここから、どんな一般的な命題が導けるかをいろいろ考える作業が始まるんだよ」花京院はそう言って、コーヒーをもう1杯注文した。

「これが《モデルをつくる》って、ことなのかな」青葉がつぶやいた。
「ん？」
「いまみたいに、陪審定理をちょっと一般化するっていう話」
「そうだね。すでに成立しているモデルをもとに、少し仮定を修正すると、自分でモデルをつくる練習になるよ」
「自分でつくれると、やっぱりおもしろいのかなあ」
「そりゃそうだよ」
「でも、私には無理かなー」
「どうして？」
「だって、数学とか知らないし」青葉は自信なさそうに答えた。
「新しいモデルは誰も知らないんだよ。だから自分で好きなように考えることができる。手計算でもいいし、コンピュータを使ってもいいし、とにかく自分の手でいろんな計算を試してみればいい。どんなに原始的でもいいから、まず自分の手で計算を始めるんだ。うまくいかないこともあるけれど、何度もやっていれば、いつかはうまくいく」
「そんなものかな」
「モデルの改造に失敗したって、もとのモデルが壊れるわけじゃない。むしろ壊れるくらい好き勝手に改造しまくったほうがモデルをよく理解できる。僕はいつも不思議に思うんだ。どうしてみんな、自分の好きなようにモデルをつくろうとしないんだろうって」
　青葉はその言葉にはっとした。
　そのとき初めて、自分が学生時代に何をしてこなかったかに気づいた。
　大学にいた頃はあんなに時間を持て余していたのに。自分は一体なにをしてたんだろう、と思った。有名な学者の唱えた理論を覚え、誰かが考えた手法でただデータを分析してきただけだった。
　なにも新しいモノをつくろうとしなかった。
　その事実をあらためて気づかされて、青葉は愕然とした。
「自己効力感だよ。初めの一歩を踏み出せば、誰でもできるようになる」
そう言って花京院は、いたずらを思いついた子供のように笑った。

> **まとめ**
>
> - 大勢の消費者による商品レビューが信頼できるかどうかは、陪審定理に基づいて評価することができる
> - 陪審定理は、各個人が独立に確率 $p > 0.5$ で正しい判断ができる場合に、多数決による判断が正しい確率が人数の増加にしたがって 1 に近づくことを示している
> - 陪審定理が成立する基本原理は、大数の弱法則という確率論の定理である
> - 個人の判断確率 p が全員共通な場合は 2 項分布で、確率 p がベータ分布にしたがう場合はベータ 2 項分布で、多数決が正しい確率を計算できる
> - 選択肢が 2 つしかない問題でも、人の正答率はバイアスや先入観により 0.5 を下回ることがしばしばある
> - 応用例:自分がこれから買おうとしている商品や、見ようか迷っている映画についてネット上のレビューを発見したら、陪審定理が適用できるかどうかを検討してみよう(ただし、映画のレビューはネタバレの危険があるため、十分な注意が必要である)

参考文献

小針晛宏,1973,『確率・統計入門』岩波書店.

> 大学初年度向けの確率論・統計学のテキストです。数式の展開が丁寧なため、一歩ずつ証明の過程をフォローできます。ところどころに作者の冗談が挿入されており、楽しく読める本です。本章のチェビシェフの定理と弱大数の法則の証明で参照しました(小寺(1996)、河野(1999)も参照)。

坂井豊貴,2013,『社会的選択理論への招待——投票と多数決の科学』日本評論社.

> ボルダやコンドルセを出発点に、アローの不可能性定理までを解説した、社会的選択理論の初学者向けのテキストです。予備知識のない読者でも投票と多数決にかんする数理モデルが理解できるよう、丁寧に解説しています。特に陪審定理の初等的な証明は、類書には見られないオリジナリティがあります。本章での証明は、このテキストを参照しました。

第 10 章

なぜ 0 円が好きなのか？

第 10 章
なぜ 0 円が好きなのか？

10.1 どちらが得？

　陪審定理を利用したユーザーレビューの分析の結果、青葉は人々の集合的な判断というものについて、以前よりも慎重に考えるようになった。

　以前の彼女であれば、単純な平均値を比較するくらいしか思いつかなかっただろう。しかし、レビューの平均値の背後にある個人の選択を意識することで、さまざまな統計量をモデルに基づいて比較できるようになった。また多数決という意見集約のルールに関しても、それが正しく機能する条件を意識するようになった。

　この陪審定理に基づくレビューの評価は、仕事のうえだけではなく、プライベートな買い物の場面でも大いに役立った。おかげで、青葉は買い物で失敗することがほとんどなくなった。

　彼女はいま、割引セールの価格設定にかんする仕事を任されていた。商品の価格を下げれば、当然需要は増す。しかし単価が下がれば、全体としての利益に影響するし、あまり安売りするとブランドイメージも悪くなる。

　セール期間中に適切な価格を設定するのは、なかなか難しい問題だった。

　駅前の喫茶店に立ち寄ったときには、すでに時計は午後 7 時をまわっていた。

「花京院くん、おなか減らない？」

「いや、それほど」

「私、なにか食べようかな。家に戻ってからつくるの面倒だし」

「ここのスパゲティ、おいしいよ」花京院はテーブルの上のメニューをとって差し出した。

「ふむふむ、アラビアータ 800 円、カルボナーラ 850 円、昔ながらのナポリタン 500 円か……。うーん、どれにしようかな。ちょっと辛いもの食べたい気分だし、アラビアータにしようかな」

「あ、ちょっと待って」花京院がポケットに手を入れて財布を取り出した。

「え？ まさか、ご馳走してくれるの」

「いや、これ余ってたから、あげようと思って」花京院は財布から喫茶店の割引券を取り出した。会計より 500 円引き、と印刷してある。

「へえー。けっこうお得な割引券だねー。いいの？」

「うん、まだたくさんあるから」

「これ使うと 500 円のナポリタンが無料になるよ。そういう使い方をしてもいいのかな」

「いいと思うよ。他に飲み物も注文してるんだし」

「じゃあ、ナポリタンにする。やったー。得した」

花京院はその様子をしばらく無言で眺めていた。

10.2　ゼロ価格の不思議

「いまの選択、ちょっと不思議だな」花京院がメニューを見ながら言った。

「え？ なにが」

「君は、もともとアラビアータを選ぼうとしていたんだけど、割引券の存在によって、選択をナポリタンに変えた」

「別に不思議じゃないでしょ？ 割引券を使うと無料になるんだから、そのほうがお得じゃん」

「君が割引前にナポリタンを選んでいたのなら別に不思議じゃない。値引きによって選択が変わった、という点がちょっと不思議なんだ。式で説明しよう」

アラビアータによって生じる君の効用を u(アラビアータ)、ナポリタンによって生じる効用を u(ナポリタン) とおく。この $u(\cdot)$ は効用を表す関数で、utility（効用）の略だよ。スパゲティの消費から得る満足度やうれしさを数値で表している。

たとえば、効用関数を $u(x) = \sqrt{x}$ と定義した場合、1 万円もらったとき

のうれしさを効用関数で表すと

$$u(10000) = \sqrt{10000} = 100$$

となる。

さて、割引券の存在を知る前の君はアラビアータを選択していた。

つまり 800 円払ってアラビアータを購入したほうが、500 円払ってナポリタンを購入するよりも望ましいと考えていた。この選好を式で書くと

$$u(アラビアータ) - \underbrace{800}_{価格} > u(ナポリタン) - \underbrace{500}_{価格}$$

となる。両辺に 500 を加えて、もう少し簡単な式に書き直そう。

$$u(アラビアータ) - \underbrace{800}_{価格} + 500 > u(ナポリタン) - \underbrace{500}_{価格} + 500$$

$$u(アラビアータ) - 300 > u(ナポリタン)$$

一方、割引券の存在を知ったあとの君は、アラビアータよりもナポリタンを選んだ。つまり、500 円を割り引いた場合には、ナポリタンのほうが望ましいと判断した。

このことを式で示すと……、

$$u(アラビアータ) - (\underbrace{800}_{価格} - \underbrace{500}_{割引}) < u(ナポリタン) - (\underbrace{500}_{価格} - \underbrace{500}_{割引})$$

$$u(アラビアータ) - \underbrace{(300)}_{支払い額} < u(ナポリタン) - \underbrace{(0)}_{支払い額}$$

$$u(アラビアータ) - 300 < u(ナポリタン)$$

となる。

不思議だろう?

「え? どこが不思議なの? 結局、同じ式になるだけじゃん」

「いや、不等号の向きをよく見て」

「ん……、あれ? 逆になってる? ぬうー、ダマされた……。でも選択が変わったんだから、向きが変わってもいいんじゃないの?」

「2つの不等式は、同一の対象への君の選好を表している。だから不等号が逆になるのはおかしい。先ほどの式変形が示すとおり、比較している右辺と左辺はまったく同じだ。つまり不等式は

$$u(アラビアータ) - (300) \text{ と } u(ナポリタン)$$

のどちらが望ましいか、を示している。しかし、君の行動は

$$u(アラビアータ) - (300) > u(ナポリタン)$$
$$u(アラビアータ) - (300) < u(ナポリタン)$$

の2つを同時に意味している。

効用関数 u がどんな関数であっても、2つの不等式は矛盾する。つまり割引前の選好から、割引後の選好の変化を

$$効用関数 - コスト$$

の式では説明できない、ということなんだ」

「なるほど、たしかにそう言われてみると不思議だね」青葉は花京院が指摘する《割引による心変わり》の不思議を理解した。

「多くの人間行動のモデルにおいて、この

$$効用関数 - コスト$$

という式は、合理的選択の仮定を表すために使われている。でも僕らが日常的に体験している《割引による心変わり》を、この式は説明できないんだ。君がアラビアータを選んだとしても、割引券で500円を得することに変わりはない。では、どうして選択を変えたのか？」

「うーん、どうしてって言われてもなあ。なんとなくタダになるんなら、そっちのほうが得かなって感じたんだよ」

10.3 チョコレート実験

「価格が0円になったときに生じる不思議な効果については、行動経済学者によるおもしろい実験がある。彼らは大学のカフェテリア利用者に対して、追加的にチョコレートを買うかどうかの選択を提示して、その行動を観測したんだ」

第10章 ● なぜ0円が好きなのか？

「へえ、おもしろそう」

「この実験は、被験者によるチョコレートの追加購入に《小銭を取り出すのが煩わしい》という取引コストがかからないように工夫してある」

「どうやったの？」

「すでに何かを購入してレジに来た人だけを対象にしたんだ。だからチョコレートを購入しなくても、どのみち別の商品の料金を支払う人が被験者になっている」

「なるほど。面倒だから買わないって言う人は、いないわけね」

「そういうこと。この条件で、被験者に提示された第1の選択肢はこうだ。

- リンツのトリュフチョコ　14セント
- ハーシーのキスチョコ　1セント

レジの横に2種類のチョコレートと値段が提示され、1人1個しか購入できない。この選択肢をカフェテリア利用者に提示したところ、リンツを選択する者が30％、ハーシーは8％、どちらも選択しない者が62％だった」

「リンツが高級なチョコレートで、ハーシーが普通のチョコレートってことだね。14セントってことは、1ドル100円とすると14円か。うーん、この値段なら私もリンツを選ぶかな。あれ、おいしいんだよねー」

「次に、価格をそれぞれ1セントずつ下げた選択肢を使って比較する。

- リンツのトリュフチョコ　13セント
- ハーシーのキスチョコ　0セント

ハーシーは、最初の条件で、1セントだったから、1セント下げると0円になる。結果はどうなったと思う？」

「そうだな……。無料になったからハーシーを選ぶ人が増えたんじゃない？」

「そのとおり。ハーシーを選択する者が31％、リンツが13％、どちらも選ばない者が56％となった。つまりハーシーは無料になったとたん、急に人気が出た」

10.3 チョコレート実験

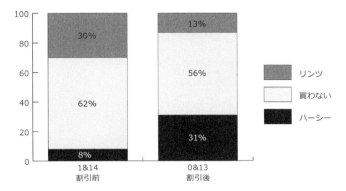

実験の結果。Shampanier, Mazar, and Ariely (2007) より作成

「うん、たしかにそうなりそうな気がする」

「この実験、なにかと似てない？」

「私のスパゲティの選択と同じだよ。無料になったとたん、ナポリタンが欲しくなった」

「無料の商品をつい選んでしまうという行為自体はべつに不思議なことじゃない。でも、一見当たり前に見えることだけど、じつは説明が必要だと気づくことが重要だ。彼らの研究がおもしろいのは、多くの人が見過ごしていた選択が、じつは不思議なことだと気づかせてくれるところだ」

「ふうん、研究する人ってヘンなことばかり考えてるんだね」

「割引前は値段の高い商品を選んでいたのに、割引でゼロ円になったとたん、選択を変えてしまう。この選好の逆転を《ゼロ価格効果》と呼ぶことにしよう。この効果を説明する最も単純な方法の一つが、価格がゼロになったときだけに、特別な効用 α が追加されると仮定するモデルだよ」

$$u(アラビアータ) - \underbrace{(300)}_{支払い額} < u(ナポリタン) + \alpha - \underbrace{(0)}_{支払い額}$$

$$u(アラビアータ) - 300 < u(ナポリタン) + \alpha$$

一方で、割引前の君の選好は

$$u(アラビアータ) - 300 > u(ナポリタン)$$

だった。割引前と後の選好が矛盾しないためには

$$u(ナポリタン) + \alpha > u(アラビアータ) - 300 > u(ナポリタン)$$

233

となる必要がある。この不等式が成り立つ α の値を逆算すると、

$$u(\text{ナポリタン}) + \alpha > u(\text{アラビアータ}) - 300$$
$$\alpha > u(\text{アラビアータ}) - u(\text{ナポリタン}) - 300$$
$$\alpha > (u(\text{アラビアータ}) - u(\text{ナポリタン})) - (800 - 500)$$

となる。最後の不等式の意味は

$$\alpha > (\text{効用の差}) - (\text{値段の差})$$

と解釈できる。つまり、ゼロ円の追加効用 α が《効用の差と値段の差》の差を上回る場合には、ゼロ価格効果を矛盾なく説明できる」

青葉は花京院が示した式をじっと見つめた。簡単な式変形だから理解できた。しかし、どういうわけか気分がスッキリしない。

「うーん、たしかに無料になったときのうれしさを追加的効用 α で表すと、つじつまがあうのはわかるんだけど……。なんていうか、この説明、あんまり好きじゃないなあ」

「どうして？」

「だって、とってつけたような説明じゃない」

「そうだね。僕もこのモデルはアドホックだと思う。ゼロ価格効果を説明するもう一つのモデルとして、プロスペクト理論の価値関数がある」

「プロスペクト？」

「さっき示したとおり、従来は

$$\text{商品の効用} - \text{コスト}$$

という式をベースに個人の選択を考えていたんだけど、プロスペクト理論は効用関数の代わりに、新たに価値関数という関数を用いて、

$$\text{商品の価値} - \text{コストを払うことの損失}$$

という式にもとづいて行動を説明するんだ」

「うーん、どこが違うのかよくわかんないんだけど……」

10.4 効用関数と導関数

「価値関数は効用関数を一般化したものだから、先に効用関数を簡単に説明しよう。たとえば、効用関数 $u(x)$ の具体的な関数型が $u(x) = \sqrt{x}$ のと

き、そのグラフはこうなる。

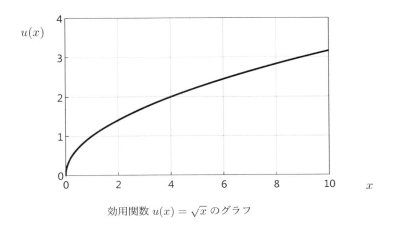

効用関数 $u(x) = \sqrt{x}$ のグラフ

この効用関数 $u(x) = \sqrt{x}$ は、次の特徴を持っている。

1. x が増えるほど $\sqrt{x}$ も増える
2. $\sqrt{x}$ の増え方は、x が増えるとだんだん小さくなる

たとえば x がお金で、$\sqrt{x}$ がお金 x をもらったときのうれしさを表しているとしよう。第 1 の特徴は、お金をたくさんもらうほどうれしいってことに対応する。第 2 の特徴は、《0 円から 1 万円に増えたときのうれしさ》は《100 万円から 101 万円に増えたときのうれしさ》よりも大きい、という関係を表している」

「たしかに同じ 1 万円でも、お金がないときのほうがうれしいな」

「効用関数の形は常に $\sqrt{x}$ とは限らない。たとえば x^2 や $\log x$ や、$100+2x$ といった関数を仮定することもできる。ただし、われわれの経験によくあてはまるのは、さっき言った特徴だ。この特徴を、効用関数 $u(x)$ を x で微分した導関数を使って、《1 階導関数が正で 2 階導関数が負》と、簡潔かつ正確に述べることができる」

「微分かー。計算の方法はわかるけど、意味がよくわからないんだよなー」

「じゃあ、まず定義から確認しておこう。$y = f(x)$ という関数が x のある

区間 D で定義されているとき、極限値

$$\lim_{h \to 0} \frac{f(x+h) - f(x)}{h}$$

が存在すれば、このとき $f(x)$ は点 x において微分できるという。特に区間 D の任意の点で $f(x)$ が微分可能ならば、この極限値を導関数といい、$f'(x)$ で表す」

「ちょっとなに言ってるかわからない」

「直感的に言えば、導関数とは x がちょっとだけ増えたときに、$f(x)$ がどのくらい変化するのかを比の形で表したものだ。効用関数のグラフを使って説明しよう」花京院は効用関数をノート PC でプロットした。

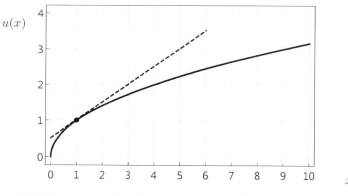

効用関数 $u(x) = \sqrt{x}$ のグラフ．破線は点 $(1, \sqrt{1})$ での接線

「$x = 1$ のとき、$\sqrt{x} = \sqrt{1}$ となる。図中の破線はこの点 $(1, \sqrt{1})$ における接線だ。この接線の傾きを、関数 $\sqrt{x}$ の $x = 1$ における導関数の値によって定義する。$x = 1$ という特定の点における導関数を微分係数という。

$x = 1$ における関数 $\sqrt{x}$ の微分係数 = 関数 $\sqrt{x}$ の点 $(1, \sqrt{1})$ における接線の傾き

という関係だ」

「うーん、まだわかんない」

「では次に、$\sqrt{x}$ の $(4, \sqrt{4})$ における接線のグラフを見てほしい。この傾きは関数 $\sqrt{x}$ の $x = 4$ における導関数の値に等しい。さっきの接線との違いはわかる？」

10.4 効用関数と導関数

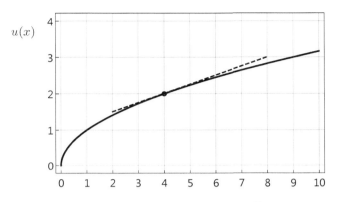

効用関数 $u(x) = \sqrt{x}$ のグラフ．破線は点 $(4, \sqrt{4})$ での接線

「えーっと、さっきよりも接線が寝てるね。傾きが小さくなってるんじゃないかな？」青葉は 2 つのプロットを見比べた。

「そう。目で見ると傾きの違いは明らかだ。この違いを、$\sqrt{x}$ の導関数を計算して、数値で表してみよう。ここで微分の定理を使うよ。

定理 10.1
a が任意の実数であるとき、$x > 0$ ならば
$$f(x) = x^a \Rightarrow f'(x) = ax^{a-1}$$
が成立する。

定理を使いやすいように、効用関数を変形しておこう。
$$u(x) = \sqrt{x} = x^{\frac{1}{2}}$$
だから、x^a の a を $\frac{1}{2}$ とみなして定理を適用する。
$$u'(x) = \frac{1}{2}x^{\frac{1}{2}-1} = \frac{1}{2}x^{-\frac{1}{2}} = \frac{1}{2}\cdot\frac{1}{x^{\frac{1}{2}}} = \frac{1}{2}\cdot\frac{1}{\sqrt{x}} = \frac{1}{2\sqrt{x}}.$$
よって導関数は $u'(x) = \frac{1}{2\sqrt{x}}$ となる。ここに $x = 1$ を代入すると

$$u'(x) = \frac{1}{2\sqrt{x}}$$
$$u'(1) = \frac{1}{2\sqrt{1}} = \frac{1}{2}$$

となる。$u'(1)$ は $x=1$ における微分係数だ。接線の傾きはこの微分係数に等しい」

「ふむふむ」青葉はグラフを見て接線の傾きを確認した。

「次に、導関数 $u'(x)$ に $x=4$ を代入して、$u'(4)$ を計算してみよう。

$$u'(x) = \frac{1}{2\sqrt{x}}$$
$$u'(4) = \frac{1}{2\sqrt{4}} = \frac{1}{4}.$$

つまり、点 $(4, \sqrt{4})$ における接線の傾きは $1/4$ だ」

「小さくなったね」

「このように、導関数

$$u'(x) = \frac{1}{2\sqrt{x}}$$

は、x の値を決めるたびに微分係数（接線の傾き）を出力してくれる便利な関数だ。導関数は関数 $u(x)$ について、さまざまなことを教えてくれる。たとえば、導関数 $u'(x) = \frac{1}{2\sqrt{x}}$ は $x>0$ の範囲で常に正だから、$u'(x) > 0$ という条件を満たしている。このことは、《x が増えるほど $u(x) = \sqrt{x}$ も増える》という事実に対応している」

「たしかに、x が大きくなるほど $\sqrt{x}$ も大きくなるね」

「次に、$u'(1) = \frac{1}{2}$ と $u'(4) = \frac{1}{4}$ を比較した結果わかったように、導関数 $u'(x)$ は x が大きくなると、だんだん小さくなる」

「たしかに導関数 $u'(x) = \frac{1}{2\sqrt{x}}$ は分母に x があるから、x が大きくなるとだんだん小さくなるよ」

「つまり、$x>0$ の範囲で $u'(x)$ は正だが、x の増加によってだんだん小さくなる。

$$u'(x) = \frac{1}{2\sqrt{x}} = \frac{1}{2}x^{-\frac{1}{2}}$$

と書き直して、$u'(x)$ をさらに x で微分してみよう。これを記号で $u''(x)$ と表し、2階導関数と呼ぶ。ちなみに $u'(x)$ は1階導関数と言う。

$$u''(x) = -\frac{1}{2} \cdot \frac{1}{2} x^{-\frac{1}{2}-1} = -\frac{1}{4} x^{-\frac{3}{2}} < 0.$$

ここから、$u''(x) < 0$ であることがわかる。このことは

$u'(x) > 0 : x$ が増えると $u(x)$ が増える
$u''(x) > 0 : x$ が増えると $u'(x)$ が減る

を意味している。つまり、$u'(x) > 0, u''(x) < 0$ は《x が増えるほど $u(x)$ も増えるが、その増え方はだんだんと小さくなる》ことを意味している」

「ちょっとわかってきたよ。ようするに、効用関数を微分すると、効用関数の変化の仕方がわかるってことだね」

「そのとおり。だから、効用関数の性質は導関数で簡潔かつ正確に表現できる。ただし、効用関数は常に

$$u'(x) > 0, u''(x) < 0$$

という条件を仮定するわけじゃないから注意する必要がある。たとえば

$$u(x) = 2x + 10$$

という効用関数の場合、1 階導関数は

$$u'(x) = 2 > 0$$

だけど、2 階導関数 $u''(x)$ は

$$u''(x) = 0$$

だから、《$u(x)$ は x とともに増え、増え方は一定》となる」

「なるほど。$2x + 10$ は 1 次関数だから、たしかにそうだ」

10.5　価値関数

「効用関数はだいだいわかったと思うから、次は典型的な価値関数のグラフを見てみよう」花京院はノート PC を使って新しいグラフをプロットした。

第10章 ● なぜ0円が好きなのか？

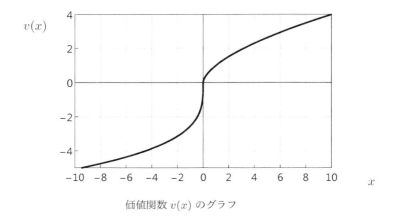

価値関数 $v(x)$ のグラフ

「これが価値関数の例だよ。効用関数との違いがわかる？」花京院は画面を青葉のほうに向けた。

「うーんと、価値関数のほうは、x がマイナスの範囲までグラフがのびてるけど、効用関数は $x > 0$ の範囲しか描いてなかったね」

「そうだね、価値関数の特徴の一つは、《損失》を表現している点だよ。価値関数は人間が参照点を基準にして利得や損失をどういうふうに感じるのかを表現している[*1]。他に気づいたことある？」

「えーっと、そうだな……。価値関数も効用関数も、$x > 0$ の範囲では同じような形だよ」

「いいところに気づいた。さっき説明したように、効用関数 $u(x) = \sqrt{x}$ は

$$u'(x) > 0, \quad u''(x) < 0$$

という条件を満たしており、この価値関数 $v(x)$ も同じように、$x > 0$ なら

$$v'(x) > 0, \quad v''(x) < 0$$

という性質を仮定している」

「ってことは、$x > 0$ の範囲だと同じなんだね」

[*1] 価値関数の独立変数 x の原点は参照点となる基準点です。ですから常に金額 0 に対応するわけではありません。たとえば、初期状態として 100 万円持っている人が 10 万円失ったとき、価値関数は $v(100\,万 - 10\,万)$ ではなく、100 万円を基準点 0 と考えるため、損失 $v(-10\,万)$ と考えます。

「そういうこと。$x < 0$ の範囲ではどうかな？」

「x が減ると $v(x)$ も減るんだけど、減り方がだんだんと小さくなってるように見えるよ」

「うん。そのことを導関数を使って表すと、$v'(x) > 0, v''(x) > 0$ となる。まとめると、価値関数 $v(x)$ が満たすべき仮定は

$$x > 0 \implies v'(x) > 0, \quad v''(x) < 0$$
$$x < 0 \implies v'(x) > 0, \quad v''(x) > 0$$

だよ。1 階導関数 $v'(x)$ に関する条件は効用関数と同じだけど、2 階導関数の条件は不等号が逆になって、$v''(x) > 0$ となっている」

「どうしてこういう仮定にしたの？」

「追加的な損失に対する感じ方を表現するためだよ。たとえば、君が飛行機に乗る場面を考えてみよう。いつもは無料だったコーヒーのサービスが有料となり、500 円を請求されたと想像してみて」

「そりゃあ払うのイヤだなー」青葉は即答した。

「では、航空チケットを 1 万円で購入したところ、支払いの段階で空港使用料 500 円を追加で請求された。さっきと同じくらい損したと思う？」

「んー、あんまり思わないよ」

「どちらも《余分に 500 円支払う》んだよ」

「うん、たしかにそうなんだけど……。支払額が 0 円から 500 円に増えると損した！ って気になるけど、1 万円が 1 万 500 円に増えても、あんまり変わった気がしないんだよ」

「その違いを価値関数はうまく表現している。支払いが 0 円から 500 円に変わると、価値関数は大きく減少する。一方、支払いが 1 万円から 1 万 500 円に変わっても、損失はほとんど変化しない。図で表すとこんな感じだ」

第10章 ● なぜ0円が好きなのか？

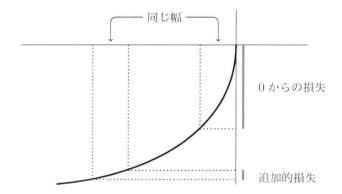

0からの損失は、追加的な損失よりも大きいという性質が成立するための条件が

$$x < 0 \Longrightarrow v'(x) > 0, \quad v''(x) > 0$$

というわけ。高い買い物をするとき、追加的な支出に対して鈍感になるから注意が必要だよ」

「たとえば？」

「300万円の車を購入するときに、10万円のオプションを追加してもあまり大きな出費には感じられない。でも、10万円の商品だけを購入する場面を想像してみると、高い買い物をしていると感じるはずだ」

「うーん。たしかにそうだなー。気をつけよう」

10.6 お得感の違い

「それでは、価値関数を使って、《ゼロ価格効果》がどうして生じるのかを考えてみよう」

---

x が負の場合、価値関数 $v(x)$ も負になる。たとえば500円支払った場合は、

$$v(-500) < 0$$

となるよ。損失だから $v(-500)$ はマイナスの値になっている。

割引によって、僕らがどのくらい得を感じるのかを図で示そう。

10.6 お得感の違い

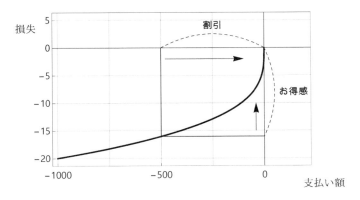

500 円の商品が無料になった場合のお得感

このグラフは、500 円のナポリタンが 0 円になることで、どのくらい損失が変化するのかを表している。矢印は割引の方向と、損失の減少を示しているよ。500 円支払う場合の損失は $v(-500)$ で、0 円になると損失は $v(0) = 0$ だ。だから 500 円の割引は、絶対値で表すと $|v(-500)|$ 分の《お得感》がある、と言える。

次の図は、800 円のアラビアータが 500 円の割引で 300 円になったときのお得感を示している。

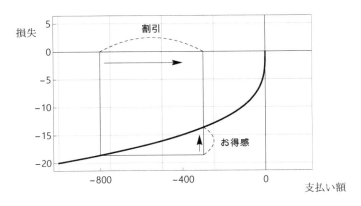

800 円の商品が 500 円の割引で 300 円になった場合のお得感

800円払った場合の損失が $v(-800)$ で、500円割引になった場合には支払額が300円になるから、損失は $v(-300)$ となる。したがって、値引きによるお得感はその差

$$v(-300) - v(-800)$$

となる。このとき、$v(-300) - v(-800) > 0$ だよ。たとえば

$$v(-300) = -14, \quad v(-800) = -18$$

だとすると、損失の差は

$$v(-300) - v(-800) = -14 - (-18) = -14 + 18 = 4.$$

つまり、お得感は4ってことだね。
　では、2つのグラフを比べて、お得感が大きいのはどちらかわかる？

　「500円 → 0円のほうが、お得感が大きいよ」青葉はグラフを見比べてから自信を持って答えた。
　「どうしてだかわかる？」
　「価値関数が、こう、ぎゅいーんって上がっていくから？」
　「そう。《ぎゅいーんって上がっていく》の正確な表現は《関数 $v(x)$ が $x < 0$ の範囲で $v'(x) > 0, v''(x) > 0$》という仮定に相当する。この条件を満たす場合には、次が成立すると予想できる」

　　　高価格商品と低価格商品が同じ額だけ割引されると、低価格商品のほうが《お得感》が大きい

　「なるほどー」
　「商品の価値自体は、値引きによっては変わらないけど、値引きによって支払いの損失が小さくなる。そしてその減り方が低価格商品のほうが大きいので、低価格商品の《お得感》が高価格商品を上回る。これが、選好が逆転する必要条件だよ。イメージはつかめた？」
　「うん、わかったよ」
　「このことをより一般的に、証明してみよう」
　「え？　どうして証明する必要があるの？　さっきの図から明らかじゃん」

「図はたしかに、無料になったナポリタンのお得感のほうが大きいことを示している。でも、図を見てそう思うっていうのは証明じゃない。それに、500円とか800円っていう数値にも一般性がない」

「そりゃそうだけど。こんな目で見て明らかなことを、どうやって証明したらいいの？」

「じゃあ、一緒に証明に挑戦してみよう」

「できるかな……。」

10.7 不等式の成立条件

ここまでの話を簡単に振り返っておこう。《効用 − コスト》の式で考えると、割引前の選好と割引後の選好とで矛盾が生じた。

$$u(アラビアータ) - (300) > u(ナポリタン)$$
$$u(アラビアータ) - (300) < u(ナポリタン)$$

そこで、スパゲティの効用と支払いの損失を価値関数で表す。すると

$$v(アラビアータ) + v(-800) > v(ナポリタン) + v(-500)$$
$$v(アラビアータ) + v(-300) < v(ナポリタン) + v(0)$$

となる。問題は、この2つの不等式が矛盾しないかどうかだ。1つめの不等式を変形すると

$$v(アラ) - v(ナポ) > v(-500) - v(-800)$$

で、2つめの不等式を変形すると

$$v(アラ) - v(ナポ) < 0 - v(-300)$$

となる。この2つの不等式が同時に成り立つなら

$$0 - v(-300) > v(アラ) - v(ナポ) > v(-500) - v(-800)$$

となる。ここで左辺と右辺に注目すると

$$\underbrace{0 - v(-300)}_{\text{割引後の価格差}} > v(アラ) - v(ナポ) > \underbrace{v(-500) - v(-800)}_{\text{割引前の価格差}}$$

という関係になっている。あいだの項を抜いても不等式は成立しているから

$$0 - v(-300) > v(-500) - v(-800)$$

と書ける。これをさらに別の表現で書けば

$$0 - v(-500) > v(-300) - v(-800)$$
$$\underbrace{0 - v(-500)}_{\substack{\text{ナポリタンが 500 円} \\ \text{引きになったときの得}}} > \underbrace{v(-800 - (-500)) - v(-800)}_{\substack{\text{アラビアータが 500 円} \\ \text{引きになったときの得}}}$$

となっている。

つまり、割引前後の選好が同時に成立しているならば、《同じ額の割引でも無料になるほうが得》になっている

「さっき図で確認したやつだね。でも関数 v のままだと、最後の不等式が本当に成り立つかどうか、わからないよ。どうやって確かめたらいいの？」

「価値関数の仮定だけを使って、この不等式が成立するかどうかを調べるんだよ。まず、値段を一般的な記号に置き換える。

- p_1：アラビアータ（高いほう）の価格
- p_2：ナポリタン（安いほう）の価格

と定義するよ。

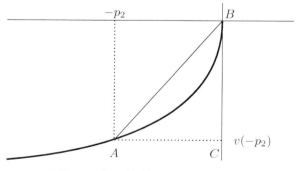

価格 p_2 の商品が無料になった場合

「図の中の線分 BC が、価格 p_2 の商品が 0 円になったときのお得感を表

している。この長さは $-v(-p_2)$ だ。$v(-p_2)$ はマイナスだから、$-v(-p_2)$ は正の数になる点に注意してね」

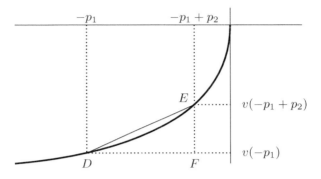

価格 p_1 の商品が p_2 だけ値引きされた場合

「次に、このグラフは価格 p_1 の商品が p_2 だけ値引きされたときのお得感を表している。線分 EF の長さがそのお得感に対応していて、お得感の大きさは $v(-p_1 + p_2) - v(-p_1)$ だよ。つまり

$$-v(-p_2) > v(-p_1 + p_2) - v(-p_1)$$

を示せば、同じ値引き額でも、値引き後に 0 円になるほうがお得感が大きいといえる」

「うーん、でも関数 v の形が決まってないと、$-v(-p_2) > v(-p_1 + p_2) - v(-p_1)$ って計算できないよ」青葉はグラフを見比べながらつぶやいた。

「2 つの三角形 ABC と DEF に注目してみよう。それぞれの底辺の長さはわかる？」

「AC の長さは p_2 だね。DF の長さは値引き額 p_2 に一致するから、これも p_2 だよ。ということは、底辺の長さは同じだね」

「斜辺 AB と DE の傾きはわかる？」花京院が聞いた。

「そんなのわかんないよ」

「じゃあ、底辺と高さを使って斜辺の傾きを表せる？」

「えーっと、高さと底辺の比だから

$$AB \text{ の傾き} = \frac{BC}{AC} \qquad DE \text{ の傾き} = \frac{EF}{DF}$$

じゃないかな」

「そういうこと。底辺の長さは同じだから、高さ BC と EF の大小関係は、斜辺の傾きの大小と一致することがわかる」

「そうか、BC と EF を比較できなくても、斜辺の傾きを比較すればいいんだ。……って、そもそも斜辺の傾きがわからないよ」

「《傾き》っていう言葉、さっき出てこなかったっけ？」花京院が聞いた。

「えーっと、そうか！ 接線の傾きだね。でも……関数 $v(x)$ 上の接線の傾きと、三角形の斜辺の傾きは違うよ」

「じゃあ、もし斜辺 AB, DE と同じ傾きを持つ接線が必ず存在するとしたら？」

「そんな都合のいい接線あるかなー」

「あるよ。平均値の定理がその存在を保証する」花京院が楽しそうに言った。

定理 10.2 (平均値の定理)
関数 $f(x)$ が区間 $[a,b]$ で連続で、(a,b) で微分可能ならば、

$$\frac{f(b)-f(a)}{b-a} = f'(c)$$

を満たす点 c が (a,b) 内に少なくとも1つ存在する。

「ちょっとなに言っているかわからない」

「図を使って説明しよう。平均値の定理は、斜辺 AB と同じ傾きを持つ接線が、$(c, v(c))$ 上に存在することを示している。その接線の傾きは定義より $v'(c)$ となる。この点 c は必ず $(-p_2, 0)$ 内にある」

花京院は価値関数のグラフを使って、平均値の定理の例を示した。

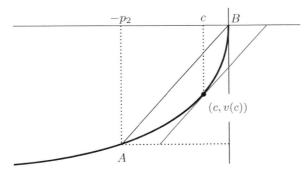

斜辺 AB の傾きと、点 $(c, v(c))$ における接線の傾きは等しい

「おー。めっちゃ便利な定理じゃん」
「この定理を使えば、

    斜辺 AB の傾きと導関数 $v'(c)$ が一致する点 c が $(-p_2, 0)$ 内に存在する

かつ

    斜辺 DE の傾きと導関数 $v'(d)$ が一致する点 d が $(-p_1, -p_1 + p_2)$ 内に存在する

ことが言える。ようするに、高さ BC と EF の比較を、導関数 $v'(c)$ と $v'(d)$ に帰着できる、というわけ」

「あ！っていうことは、ここで価値関数の仮定 $v''(x) > 0$ が使えるんだね」

「そういうこと。導関数 $v'(c)$ と $v'(d)$ を比較して、$v'(c)$ のほうが大きいことを示せばいい。平均値の定理から

$$c \in (-p_2, 0), \quad d \in (-p_1, -p_1 + p_2)$$

を満たす c, d が存在するので、

$$p_1 - p_2 > p_2$$

と仮定すると[*2]、2つの開区間に重なる部分はないので、必ず $d < c$ となる。

[*2] $p_1 > p_2$ だけを仮定しても同じ結論が導けます。しかし証明が複雑になるため、ここでは簡略化のために強い仮定をおきました

$v''(x) > 0$ の条件から、$v'(x)$ は x に関して増加なので

$$v'(c) > v'(d)$$

が言える。以上の結果、価値関数が満たす条件のもとで不等式

$$\underbrace{0 - v(-500)}_{\text{ナポリタンが 500 円引きになったときの得}} > \underbrace{v(-800 - (-500)) - v(-800)}_{\text{アラビアータが 500 円引きになったときの得}}$$

は、たしかに成立することがわかった。この不等式は、割引前後で成立する2つの選好

$$v(\text{アラビアータ}) + v(-800) > v(\text{ナポリタン}) + v(-500)$$
$$v(\text{アラビアータ}) + v(-300) < v(\text{ナポリタン}) + v(0)$$

の必要条件になっている」

10.8 ゼロ価格効果の一般化

「最後に、0円への値引き、つまり低価格商品の価格分の値引きが、ゼロ価格効果の発生に絶対に必要なのか? という問題を考えてみよう」

「うーん、どうなのかな。やっぱり無料っていう条件が、一番お得感が強い気がするんだけど」

「価値関数を仮定すれば、たとえ値引きが0円に到達しなくても、選好が変わる条件が存在する。このことをもう少し正確に表現してみよう」

割引前に客が高価格商品を選んでいたと仮定する。さらに、高価格 p_1 と低価格 p_2 からともに ε だけ値引きがあったとき、

$$p_2 - \varepsilon > 0$$

だったと仮定しよう。このことは、低価格商品の値引き後の値段が0円より大きいことを意味している。

さっきまでは値引き額が p_2 の場合だけを考えていたけど、今度は ε の値引きによって p_2 が0円にならない一般的な場合を考えるんだよ。

10.8 ゼロ価格効果の一般化

　このとき、客の選好が低価格商品へと変わることがありうる。言い換えれば、非ゼロ価格でも、割引の前後で商品への選好を変化させるような割引額が存在する。

　仮定は次のとおりとする。

- v_1：高価格商品の価値
- v_2：低価格商品の価値
- p_1：高価格
- p_2：低価格
- ε：値引き額
- $v_1 > v_2 > 0, p_1 > p_2 > \varepsilon > 0$

> **命題 10.1**
> 価値関数 $v(x)$ が $x < 0$ の範囲で $v'(x) > 0$ かつ $v''(x) > 0$ であるとき、割引の前後で高額商品から低額商品へと選好を変化させるような割引額 $\varepsilon > 0$ が、適当な v_1, v_2 のもとで存在する。すなわち $v_1 - v_2$ が
>
> $$v(-p_2) - v(-p_1) < v_1 - v_2 < v(-(p_2-\varepsilon)) - v(-(p_1-\varepsilon))$$
>
> を満たし、$p_2 - \varepsilon > 0$ かつ $p_1 - \varepsilon > p_2$ であるとき、割引後に選好の逆転が生じる。

「この証明は、基本的にはさっき示した証明と同じだ。平均値の定理を使って、高価格商品の値引きによる《お得感》が低価格商品のそれよりも大きいことを示せばいい。この命題が意味する含意の一つは

　　割引前には購入を選択しなかった消費者に対して、購入を選択させる
　　ために必要な最小の割引額を論理的に導出できる

ということだよ」
　「へー。ってことは、お客さんが思わず買っちゃうような割引価格が理論的に決まるってこと？」

「理論的にはね。単独の商品の場合はもっと単純に

$$v + v(-(p - \varepsilon)) > 0$$

を満たす最小の ε が、お客に商品を買わせるために必要な割引額だと言える。ただし、その額を計算するためには、消費者の価値関数をデータから推定しなくちゃいけない」

「それって簡単にできるの？」

「うーん、どうだろう。実験的調査を繰り返せば、ある程度は推定できると思うよ」

「でも、それができたら何でも売れるじゃん」

「理屈上はそうだけど、価格が原価を下回らないことまでは保証できないよ。いくら売れるからって、新車1台を10万円で売っても利益がでないからね」

「そっかー。それはそうだなー。……ちょっと難しかったけど、なかなかおもしろかった。今度の仕事の参考にさせてもらうね」

ちょうどそのとき、テーブルの上に、割引によって《0円》となったナポリタンが運ばれてきた。

「ゼロ価格効果モデルとプロスペクト理論を比べて、君はどちらのモデルのほうが説得力があると思った？」

「単純さではゼロ価格モデルだけど、私が好きなのはプロスペクト理論かな[*3]。どうしてかと言われると、うまく説明できないけど」

「僕も同じ意見だよ。アドホックに α を仮定すれば、簡単にゼロ価格効果を表現できるけど、仕組みがよくわからない。でもプロスペクト理論は、より適応範囲の広い一般理論から、ゼロ価格効果という特殊例を説明できる。抽象的で一般的な枠組みから、個別の具体的な現象をたくさん説明できたほうが、理論としては体系的で優れている。そして体系的な理論をつくることが科学の目的なんだ」

「ひょっとなにゆってうか、わかあない。これおいしいよ」

口いっぱいにナポリタンをほおばりながら、青葉は満足そうに微笑んだ。

[*3] プロスペクト理論の特徴には、価値関数のほかに、確率ウェイト関数があります。期待価値の計算において、客観的確率ではなく、主観的なウェイトを用います。本章では不確実性を考慮する必要がないため、価値関数の話に限定しています

まとめ

- 従来の 効用 − コスト の枠組みでは、割引価格に関する人の選好の変化を説明できないことがある
- 0円への割引は、しばしば人を強く引きつける。このことを実験によって示した研究例がある
- プロスペクト理論の価値関数は、標準的な効用関数では説明できない矛盾を説明するために考案された、より一般的な関数である
- 価値関数の特徴は、損失の痛みは同等の利得から得られる喜びよりも大きいことである
- 価値関数は損失を回避する傾向を表現しており、この性質によりゼロ価格効果を説明できる
- 価値関数を仮定した場合、選好の逆転が生じるためには必ずしも0円への割引が必要ではない
- 応用例：人の消費や選好に基づく行動を理解するためには、心理的なバイアスを考慮した価値関数の利用が有効である。たとえばマイバッグ持参者に対して5円の報奨金を与える場合と、持ってこなかった人に5円のペナルティを課す場合では、後者のほうが行動への影響力が強い。なぜなら同じ5円でも、5円を失う損失は、5円を得るうれしさよりも大きいからである

参考文献

Ariely, Dan, [2008] 2010, *Predictably Irrational, Revised and Expanded Edition: The Hidden Forces That Shape Our Decisions*, Harper Perennial.（=2013, 熊谷淳子（訳）『予想どおりに不合理——行動経済学が明かす「あなたがそれを選ぶわけ」』早川書房.）

> さまざまな実験を例に、行動経済学のおもしろさを伝える一般向けの本です。秀逸なアイデアの実験で、日常生活では見過ごしがちな人間行動の不合理さをうまく発見しています。ゼロ価格効果にかんするチョコレート実験も、その中の一つです。

Kahneman, Daniel and Amos Tversky, 1979, Prospect Theory: An Analysis of Decision under Risk, *Econometrica*, 47(2): 263-292.

> カーネマンとトバスキーによるプロスペクト理論の古典的論文です。従来の標準理論であった期待効用理論では説明できない行動や選択の例を示し、その問題を克服するためにプロスペクト理論を提唱しています。研究者向けの論文ですが、期待効用理論から生じる矛盾を読者が追体験できるように書かれており、楽しく読める論文です。

Shampanier, Kristina, Nina Mazar, and Dan Ariely, 2007, Zero as a Special Price: The True Value of Free Products, *Marketing Science*, 26(6): 742-757.

> 実験的調査によってゼロ価格効果の解明を試みた論文です。MITのカフェテリアで行なった実験では、利用者が会計の際に追加的にチョコレートを購入するかどうかを調査して、割引によって選好が変わるかどうかを調べています。著者たちはゼロ付近で不連続な価値関数が、実験結果をよく説明すると述べています。

第11章

取引相手の真意を知る方法

第 11 章
取引相手の真意を知る方法

11.1 価格競争

　1週間のうち2日は、仕事帰りに駅前の喫茶店に立ち寄ることが、青葉の習慣になっていた。とはいえ、花京院と待ち合わせをしているわけではなかった。
　だから当然、花京院がいないこともときどきあった。
　そんなとき彼女は、1人でコーヒーを飲みながら、持ち歩いている文庫版の小説を読み、1時間ほどで帰る。
　時間が遅いときには、夕食をとることもあった。働きはじめてからやっと、仕事が終わっても家にまっすぐ帰りたくないという気持ちが理解できるようになった。
　大学生だった頃は、1人で飲食店に立ち寄ることに抵抗があった。しかしいまでは、1人でいることを彼女はそれなりに楽しめるようになっていた。
　だから、喫茶店のドアを開け、花京院の姿を発見したときの彼女の感情は、星座占いで運勢がよかったときのような、小さな幸運の発見と似ていた。飛び上がるほど嬉しいわけではない、ε 程度の微小なプラス。花京院がいればラッキーだし、いなければ、1人の時間を楽しめる。
　そんな日々を青葉は過ごしていた。

　「それにしても、君は人間関係の相談とかを僕にはしないね」
　花京院が読みかけの本を閉じた。洋書の微かな香りがただよう。
　「そうだっけ？　まあ、そうかもね。だって、あれって人に相談しても意味ないじゃん」

「でも会社で働く人の中には、愚痴を聞いてほしいって人もいるみたいだよ」

「私だって、仕事上の人間関係で愚痴がないわけじゃないんだよ。でも花京院くんにそれを話すのは無駄かなって」

「そのとおり。人間の抽象的なネットワーク構造には興味があるけど、個別具体的な人間関係には僕は関心がない」

「でしょ？　私は無駄なことはしない主義なの。で、今日教えてほしいのは、入札の方法なんだ。今度ウェブサイトの制作を担当する会社と新しい契約をすることになったんだけど、複数の候補から入札で決めなきゃいけないのよ」

「へえー。オークションか。おもしろそうだな」

「やり方がよくわからなくって困ってるんだ。制作会社には正直な見積もりを出してほしいんだけど、向こうも商売だから、競争相手に勝つための見積もりを出してくるんだよ。つまり、本来必要な制作費よりも若干低い額を提示してくるわけ」

「ふむ……。すると結果的に安くあがるから、君の会社にとってはいいじゃないか」

「そうなんだけど、それって結局、適正価格よりも値下げしてるから、仕事のクオリティを下げないと制作会社が損をするでしょ？　それに、一度値下げ競争を始めると、ほんとはやりたくないのにみんなが値下げをして、いつまでも損をすることになるじゃない？　結局それは業界全体の生産性を下げるし、そういうのってなんか間違ってると思うんだよね」

「たしかに、値下げ競争がずっと続くと、社会全体としては不利益だね。そんなこと続けてたら、いつまでたっても景気はよくならない。でも値下げする企業は、やりたくてやってるわけじゃないんだよ」

「じゃあ、どうしてやりたくもない値下げをするの？」

「ゲーム理論のモデルを使って説明しよう[1]」

---

[1] ゲーム理論の基本と、囚人のジレンマにおける支配戦略解についてすでに知っている読者は、次節を飛ばして、第2価格封印入札の節へとお進みください

11.2 ゲーム理論と支配戦略

「説明するにはゲーム理論の《支配戦略》という概念が必要になる。大学の授業で習っているはずだけど……」

「一度は授業で聞いたかもしれないけど、正確な定義は忘れちゃった。教科書でも読んだ気がするけど、よくわからなかったんだと思う」

「では基本的な概念を確認しながら、なぜ競合する企業が望まない値引きをせざるをえないか？ という問題を考えてみよう。企業間の価格競争をゲーム理論のモデルで表現すると、こうなる」

		企業2	
		適正価格	値引き
企業1	適正価格	3, 3	1, 4
	値引き	4, 1	2, 2

「企業1と2はそれぞれ、《適正価格》で販売するか《値引き》して販売するかの2つの選択肢を持っている。この選択肢をゲーム理論では戦略という。各企業は、相手がどちらを選ぶのかわからない状態で自分の戦略を選ぶ。これを非協力ゲームという。表の中に書いてある2組の数字は、左の数値が企業1の利得で、右が企業2の利得だよ。たとえば

　　企業1が《適正価格》を選び、企業2が《値引き》を選ぶ

と、利得の組み合わせは (1, 4) となる。これは

　　企業1の利得は1で、企業2の利得は4になる

という意味だよ」花京院が表の読み方を説明した。

「ふむふむ。思い出してきたよ。お互い《適正価格》を選択すると (3, 3) ってことだね。読み方はわかるんだけど、どこからこの数値が出てきたの？」

青葉が質問した。昔から彼女は、この種の表を見るたびに、数字がどこから出てきたのかが気になって、そこから先の話が頭に入らないのだった。

「たとえば、こういうふうに考える。まず、適正価格で商品を販売したときの基本利得を3とおく。そして、値引きすることで売り上げの単価は減るので、その分のマイナスを1とおく。したがって、値引きをした場合の利得

は 3 − 1 = 2 となる。ただし、一方の企業だけが値引きした場合は、競争相手の客を奪えるので、その分の増益が 2。客を奪われたほうの損も等しく 2 とする。したがって (適正価格, 値引き) の組み合わせのもとでの利得は、値引きしたほうは

$$基本利得 - 値引き + 増益 = 3 - 1 + 2 = 4$$

適正価格で客を奪われたほうは

$$基本利得 - 損 = 3 - 2 = 1$$

という具合に解釈できる」

「なるほど。それならつじつまが合うね」

「ゲーム理論は、複数の行為者がそれぞれに相手の選択を考えながら、自分にとっての最適な選択を選ぶ状況を表現するモデルだ。最も単純なモデルをつくるのに必要な情報は、

1. プレイヤーは何人いるか（プレイヤー集合）
2. 各プレイヤーは何を選択できるか（戦略集合）
3. 戦略の組み合わせと利得の対応（利得関数）

の 3 つだよ。モデルが複雑になると、追加の情報が必要になるけど、とりあえずはこれだけあればいい」

「わかった」青葉はゲームの基本的な仮定を確認した。

「次に《支配戦略》という概念を説明するよ。他のプレイヤーの戦略がどんなものであっても、自分にとって有利な戦略が存在する場合、それを《支配戦略》と呼ぶんだ。具体例を使って説明しよう」

───────────────

企業 1 の立場になって考える。まず企業 2 が《適正価格》を選択したと仮定する。すると企業 1 が比較すべき状態は、次の図のなかの ▢ で囲んだ領域となる。

第11章 ● 取引相手の真意を知る方法

	企業2	
	適正価格	値引き
企業1　適正価格	3, 3	1, 4
企業1　値引き	4, 1	2, 2

企業2が《適正価格》を選択した場合に、企業1が比較すべき利得（矢印）

このとき、企業1にとっては、利得3がもらえる《適正価格》よりも、利得4がもらえる《値引き》のほうがよい。利得関数を式で書けば

$$4 > 3$$
$$u_1(値引き, 適正価格) > u_1(適正価格, 適正価格)$$

が成立している。

次に、企業2が《値引き》を選択したと仮定する。今度は企業1が比較すべき状態は、次の図のなかの □ で囲んだ領域となる。比較する場所がさっきと変わるから注意してね。

	企業2	
	適正価格	値引き
企業1　適正価格	3, 3	1, 4
企業1　値引き	4, 1	2, 2

企業2が《値引き》を選択した場合に、企業1が比較すべき利得（矢印）

このとき、企業1にとっては、利得1がもらえる《適正価格》よりも、利得2がもらえる《値引き》のほうがよい。利得関数を式で書けば

$$2 > 1$$
$$u_1(値引き, 値引き) > u_1(適正価格, 値引き)$$

が成立している。

以上の比較をまとめると、企業2が《適正価格》を選んでも、《値引き》を選んでも、企業1は《値引き》を選んだほうが得だと結論できる。このよう

に、相手の選択がなんであれ、企業1の選ぶ戦略（値引き）が、自分の他の戦略（適正価格）よりも利得が大きい場合に、企業1にとって《値引き》が支配戦略であるという。

> **定義 11.1（支配戦略（直感的な定義））**
> 他のプレイヤーの戦略がなんであれ、自分の選んだある戦略が、自分が持つ他の戦略よりも常に高い利得をもたらすとき、そのある戦略を《支配戦略》という。

「支配戦略の定義、わかった？」
「うん、たぶん」
「じゃあ、企業2が支配戦略を持っているかどうかわかる？」花京院が確認のために質問した。
「よし、探してみる」青葉は計算用紙に図を描き始めた。
「今度は企業2の立場になって考えればいいんだね。えーっと、企業1がまず適正価格を選んだとすると、比較すべき数値は右の利得だから、こうかな？」

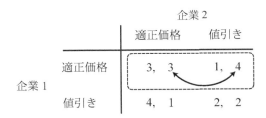

企業1が適正価格を選択した場合に、企業2が比較すべき利得（矢印）

「3と4を比べると、4のほうが大きいから、企業1が《適正価格》なら、企業2は《値引き》を選択するほうが利得が大きいね。次は企業1が《値引き》を選択した場合。今度は企業2が比較すべき利得は、ここかな」
青葉は利得表に矢印を書き込んだ。

	企業2	
企業1	適正価格	値引き
適正価格	3, 3	1, 4
値引き	4, 1	2, 2

企業1が値引きを選択した場合に、企業2が比較すべき利得（矢印）

「ってことは、企業2にとっては《値引き》が得だね。まとめると……、企業1が《適正価格》でも《値引き》でも、企業2にとっては《値引き》戦略のほうが利得が高い。つまり、企業2の支配戦略は《値引き》だ。どうかな？」

「OK。このモデルは囚人のジレンマと呼ばれ、ゲーム理論の歴史のなかで最も有名なモデルのひとつだ。お互いに適正価格を選択することによって、$(3,3)$ という利得がもらえるのに、合理的に自分の利得を高めようとした結果、双方にとって利得の低い $(2,2)$ という利得が実現してしまう。これが、値引きしたくないのにせざるをえないメカニズムなんだよ」

「うーん、なるほど。(値引き、値引き) よりも (適正価格、適正価格) のほうが、どっちの企業にとってもいい状態なのに、支配戦略を選ぶと、適正価格を選べないんだね」

「それがジレンマと呼ばれるゆえんだよ。では《プレイヤー集合》《戦略集合》《利得関数》を、あらためて一般的に定義しておこう」

定義 11.2 (プレイヤー集合と戦略集合)

$$N = \{1, 2, \cdots, n\}$$

を、n 人からなるプレイヤーの集合とする。プレイヤー i の戦略集合を S_i で表す。集合 S_i の要素は、i が選択できる戦略である。

たとえば、

$$S_i = \{a, b, c\}$$

なら、プレイヤー i の戦略は a, b, c の3つだよ。

11.2 ゲーム理論と支配戦略

> **定義 11.3** (直積集合と順序対)
> プレイヤー集合が $N = \{1, 2\}$ で，1 と 2 の戦略集合がそれぞれ
> $$S_1 = \{a, b\}, S_2 = \{c, d\}$$
> であるとき，2 つの戦略集合の要素を 1 個ずつ取り出して組み合わせた集合を S_1 と S_2 の直積集合と呼び，記号で
> $$S_1 \times S_2 = \{(a, c), (a, d), (b, c), (b, d)\}$$
> と書く。この直積集合は可能な戦略の組み合わせすべてを含んでいる。直積集合の要素である (a, c) や (b, d) などを順序対という。

順序対は直積集合の要素だ。たとえば (a, c) は直積集合 $S_1 \times S_2$ の要素の一つで、戦略の組を表している。これを記号で

$$(a, c) \in S_1 \times S_2$$

と書く。このとき、戦略の順番にはちゃんと意味がある。(a, c) はプレイヤー 1 の戦略が a、プレイヤー 2 の戦略が c という意味だよ。(c, a) じゃないから注意してね。

「ふむふむ」青葉はうなずいた。
「利得関数は、すべての社会状態に対して、それが実現した場合にプレイヤーが得る利得を示す関数なんだ」

> **定義 11.4** (利得関数)
> 戦略の組み合わせに対して、その組み合わせからプレイヤー i が受け取る利得を利得関数 u_i によって定義する。
> $$u_i : S_1 \times S_2 \times \cdots \times S_n \to \mathbb{R}$$
> 利得関数 u_i は、すべての戦略の組み合わせに対して、プレイヤー i がそこから得る利得を定めている。利得関数の定義域は戦略の直積集合（すべての戦略の組み合わせ）で、値域が実数集合 $\mathbb{R}$ である。

「うーん、ちょっとイメージがわかないな」

「そういうときは？」花京院が聞いた。

「えーと……、そうだ。具体例をつくる、だったね」青葉はさっそく例の作成にとりかかった。

「よーし、2人ゲームで例を考えてみようかな……。$N = \{1, 2\}$ とおいて、戦略集合を

$$S_1 \times S_2 = \{(ガンダム, ズゴッグ), (ガンダム, アッガイ),$$
$$(ジム, ズゴッグ), (ジム, アッガイ)\}$$

って仮定するよ。利得関数の定義域は戦略の組み合わせだから……、たとえば

$$u_1((ガンダム, ズゴッグ)) = 3, \quad u_2((ジム, アッガイ)) = 5$$

こんな感じかな？ u_1 が連邦軍で、u_2 がジオン軍の利得だよ。ジャブローを表現してみたんだけど、ちゃんと具体例になってるかな？」

「なぜテーマがモビルスーツの戦闘なのかはよくわからないけど、例としては問題ないよ。戦略集合を使うと、n 人の中から i だけを除いた人々の戦略の組み合わせを表現できる。まず戦略の直積集合を

$$S = \underbrace{S_1 \times S_2 \times \cdots \times S_n}_{n \text{ 個の戦略集合の直積}}$$

で表し、その要素を $\boldsymbol{s} \in S$ で表す。

$\boldsymbol{s}$ は1つの記号で、n 人分の戦略を表しているよ。たとえば

$$\boldsymbol{s} = \underbrace{(s_1, s_2, \ldots, s_n)}_{n \text{ 個の戦略}}$$

という戦略の順序対を表している。

次に、戦略の組み合わせ $\boldsymbol{s}$ から i の戦略だけを除いた組み合わせを、$\boldsymbol{s}_{-i}$ で表す。つまり

$$\boldsymbol{s}_{-i} = \underbrace{(s_1, s_2, \ldots, s_{i-1}, s_{i+1}, \ldots, s_n)}_{(n-1) \text{ 個の戦略}}$$

だよ。$\bm{s}_{-i}$ は $\bm{s}$ から s_i を取り除いているから、$(n-1)$ 個の戦略の組み合わせを表している。この $\bm{s}_{-i}$ と、s_i を組み合わせれば、

$$\bm{s} = (\underbrace{s_i, \bm{s}_{-i}}_{n\,\text{個の戦略}})$$

となる」

「その記号、なんのために使うの？」

「n 人ゲームにおける支配戦略を一般的に定義するために使う」

定義 11.5（支配戦略）

プレイヤー i の 2 つの戦略 s_i と t_i について、他の $(n-1)$ 人のプレイヤーのすべての戦略

$$\underbrace{\bm{s}_{-i}}_{n-1\,\text{個}\atop\text{の戦略}} \in \underbrace{S_1 \times S_2 \times \cdots \times S_{i-1} \times S_{i+1} \times \cdots \times S_n}_{(n-1)\,\text{個の戦略集合の直積}}$$

に対して、

$$u_i(\underbrace{s_i, \bm{s}_{-i}}_{n\,\text{個の戦略}}) > u_i(\underbrace{t_i, \bm{s}_{-i}}_{n\,\text{個の戦略}})$$

が成立するとき、s_i が t_i を強支配するという。また s_i がプレイヤー i の他の戦略すべてを強支配するとき、戦略 s_i を i の強支配戦略という。次に、すべての $\bm{s}_{-i}$ について

$$u_i(\underbrace{s_i, \bm{s}_{-i}}_{n\,\text{個の戦略}}) \geq u_i(\underbrace{t_i, \bm{s}_{-i}}_{n\,\text{個の戦略}})$$

が成立し、かつ少なくとも 1 つの戦略の組 $\bm{s}'_{-i}$ について

$$u_i(\underbrace{s_i, \bm{s}'_{-i}}_{n\,\text{個の戦略}}) > u_i(\underbrace{t_i, \bm{s}'_{-i}}_{n\,\text{個の戦略}})$$

が成立するとき、s_i が t_i を支配するという。また s_i が、プレイヤー i の他の戦略すべてを支配するとき、戦略 s_i を i の支配戦略という。強支配する場合には、必ず支配する。

「ちょっとなに言ってるかわからない」

「そう言うと思ったよ。初めてこの定義を見たときは、僕もよくわからなかった。そういう場合は、$n = 2$ くらいで具体例を考えみるといい。たとえば、2人ゲームで戦略集合を

$$S_1 = \{a, b\}, S_2 = \{c, d\}$$

と定義しよう。その直積

$$S_1 \times S_2 = \{(a, c), (a, d), (b, c), (b, d)\}$$

は、すべての戦略の組み合わせを表している。このとき《プレイヤー1の a が強支配戦略である》とはどういうことか、式で書ける？」

「えーっと、a が b を強支配すればいいんでしょ。ってことは、相手がどんな戦略であれ a を選んだときの利得が、b を選んだときの利得よりも大きければいいから

$$u_1(a, c) > u_1(b, c)$$
$$u_1(a, d) > u_1(b, d)$$

じゃないかな？」

「そのとおり。一般的な定義の意味を理解するのが難しいと感じたら、必ず $n = 2$ や $n = 3$ の場合を書き下すんだよ。慣れてくれば、定義を読んだだけで例を想像できるようになるよ。戦略の組の一般的な記号を使えば、n 人ゲームにおけるパレート効率性も簡単に定義できる」

> **定義 11.6 (パレート効率性)**
> 戦略の組 $\bm{s} \in S$ がパレート効率的であるとは、すべての $i \in N$ について
> $$u_i(\bm{t}) > u_i(\bm{s})$$
> が成立するような戦略の組 $\bm{t} \in S$ が存在しないことである。

「囚人のジレンマは、支配戦略解がパレート効率的ではないゲームだよ。さて、最後に支配戦略解を定義しよう」

> **定義 11.7**（支配戦略解）
> すべてのプレイヤーが支配戦略を選択している状態を支配戦略解という。

「企業が合理的に支配戦略を選ぶと、望んでいない《値引き》を選ぶ仕組みはわかったよ。でも、だったら適正価格の入札なんてできないじゃん。どうしたらいいの？」

青葉には解決の方法がまったく想像できなかった。

11.3　第2価格封印入札

「ゲームのルールを変えるんだよ。第2価格封印入札を使えばいい」花京院が新しい計算用紙をテーブルの上に広げた。

「だいにかかくふういん‥‥‥？　なにそれ」

「互いの入札額がわからないようにしたうえで、一番条件のよい会社を選ぶんだよ。ただし、会社が支払う費用は第2位の入札額にするっていう方法だよ」

「ちょっとなに言っているかわからない」

「簡単な例で説明しよう」

1枚の絵画がオークションにかけられており、3人の参加者がいるとする。お互いにわからないよう封筒に入れて入札額を提出した結果が

　　　Aの入札額1000円、　Bの入札額5000円、　Cの入札額3000円

だったとする。このとき勝者は、1番高い入札額を提示したBとなる。ただしBが代金として払う額は5000円ではなく、2番目に高い入札額の3000円となる。

これが第2価格封印入札だよ。《第2価格》は2番目に高い入札額が支払金額になること、《封印》は、互いに入札額がわからないように、封をするという意味だよ。

「ふうん、変なルールだね。普通は5000円で落札したら5000円払うの

「にね」

「日本で一般に知られているオークションのルールでは、たしかに 最高入札額 = 支払額 となっている。でも第 2 価格封印入札には、わざわざこんな変わったルールにするための、ちゃんとした理由があるんだ」

「へえー。どんな理由なの？」

「君がもしオークションの主催者として競売品を売る立場だとしたら、参加者にどうしてほしい？」花京院が逆に質問した。

「そりゃあ、なるべく高い額で入札してほしいよ」

「でも、買い手はなるべく安く落札したいと考えてるよね？」

「そりゃそうだね。だから、なるべく買い手が《払ってもいい、ギリギリの額》を入札してほしい」

「オークションのルールを第 2 価格封印入札に設定すると、買い手が《払ってもいい、ギリギリの額》を合理的な判断の結果として入札するようになるんだよ」

「ほんとに？ どうして？」

「第 2 価格封印入札をゲーム理論のモデルで表現しよう。モデルの仮定はこうだよ」

1. n 人が参加するオークションに 1 つの財がかけられる。各プレイヤーは財に対する評価値 $a_1, a_2, \ldots, a_n$ を持つ。$a_i \geq 0$ とし、評価値 a_i は、i が財に対して払ってもよい上限額を表している。ただし、他のプレイヤーの評価値は観察できない。プレイヤー間で同じ評価値はないと仮定する。

2. 各プレイヤーは封印した入札額 $x_i \geq 0$ を 1 度だけ申告する。プレイヤーは他のプレイヤーの入札額を観察できない。最も大きな x_i を提示したプレイヤー i がオークションの勝者となる。

3. 全プレイヤーの入札額の組み合わせを

$$\bm{x} = (x_1, x_2, \ldots, x_n)$$

で表す。勝者 i の支払額は、その入札額 x_i ではなく、2 番目に大きい入札額とする。この 2 番目に大きな入札額を第 2 価格と呼び、記号 $\bm{x}[2]$ で表す。

4. 各プレイヤー i の利得は、入札額の組み合わせ $\bm{x} = (x_1, x_2, \ldots, x_n)$

のもとで

$$u_i(\boldsymbol{x}) = \begin{cases} a_i - \boldsymbol{x}[2] & i \text{ が勝つとき} \\ 0 & i \text{ が勝てないとき} \end{cases}$$

となる。

「たとえば、入札額の組み合わせが

$$\boldsymbol{x} = (8, 5, 10)$$

のとき、第 2 価格は $\boldsymbol{x}[2] = 8$ だよ。入札額の並び方じゃなくて、大きさにもとづいて 2 番目の値が決まるから注意してね。このゲームのおもしろいところは、支払額は第 2 価格なのに、各プレイヤーにとっての合理的な入札額が、その評価額 a_i に一致する、というとこなんだ」

「それってヘンじゃない？ どうせ支払うのは自分の入札額じゃないんでしょ？ だったら、オークションに勝つために自分の評価額以上の入札をしそうな気がするんだけど……」

「たしかに。極端な話、自分が 1 億円を入札しても、第 2 価格が 500 円なら、支払額は 500 円で済む」

「それなのに、どうして自分の評価額を正直に入札するのかな」青葉は首をかしげた。

「このゲームでは、自分の評価額を入札することが各プレイヤーにとって、《支配戦略》になっているんだよ」

第 2 価格封印入札のモデルより、次の命題が成立する。

> **命題 11.1**
> 各プレイヤーにとって、自分の評価額 a_i を入札額として申告することが支配戦略である。すなわち入札額の組み合わせ $(a_1, a_2, \ldots, a_n)$ は支配戦略解である。

証明

このゲームは n 人ゲームだから、すべての i について支配戦略が a_i であることを示せばいい。そのためには、戦略 a_i がどんな場合でも i の他の戦略 x_i と同等以上の利得をもたらし、かつ、ある場合においては他の戦略よ

り大きな利得をもたらすことを示す必要がある。

i にとって a_i 以外の戦略 x_i は無数にあるが、不等号を使って表せば

$$x_i > a_i$$

であるような x_i か、もしくは

$$x_i < a_i$$

であるような x_i の2種類だけを考えれば十分である。

次に、i 以外の他のプレイヤーの戦略の組み合わせも無数にあるが、a_i を出せば i が勝てるような $\boldsymbol{s}_{-i}$ と、a_i を出すと i が負けるような $\boldsymbol{s}_{-i}$ の2種類を場合分けして考えれば、すべての組み合わせを網羅する。

したがって、考えなければいけないすべての条件は

1. 入札額 a_i で i が勝てる $\boldsymbol{s}_{-i}$
    (a) 戦略を x_i に変えても勝つ場合
    (b) 戦略を x_i に変えると負ける場合
2. 入札額 a_i で i が負ける $\boldsymbol{s}_{-i}$
    (a) 戦略を x_i に変えても負ける場合
    (b) 戦略を x_i に変えると勝てる場合

である。このすべての場合について、a_i が他の戦略 x_i よりも有利なことを示すことができれば、a_i が支配戦略であることを証明できる。

	a_i で勝てる $\boldsymbol{s}_{-i}$	a_i で負ける $\boldsymbol{s}_{-i}$
$x_i > a_i$	(A) x_i で勝てる $u_i(a_i, \boldsymbol{s}_{-i}) \geq u_i(x_i, \boldsymbol{s}_{-i})$ $a_i - \boldsymbol{x}[2] \geq a_i - \boldsymbol{x}[2]$	(B) x_i で勝てる $u_i(a_i, \boldsymbol{s}_{-i}) > u_i(x_i, \boldsymbol{s}_{-i})$ $0 > a_i - \boldsymbol{x}[2]$ (C) x_i で負ける $u_i(a_i, \boldsymbol{s}_{-i}) \geq u_i(x_i, \boldsymbol{s}_{-i})$ $0 \geq 0$
$x_i < a_i$	(D) x_i で勝てる $u_i(a_i, \boldsymbol{s}_{-i}) \geq u_i(x_i, \boldsymbol{s}_{-i})$ $a_i - \boldsymbol{x}[2] \geq a_i - \boldsymbol{x}[2]$ (E) x_i で負ける $u_i(a_i, \boldsymbol{s}_{-i}) > u_i(x_i, \boldsymbol{s}_{-i})$ $a_i - \boldsymbol{x}[2] > 0$	(F) x_i で負ける $u_i(a_i, \boldsymbol{s}_{-i}) \geq u_i(x_i, \boldsymbol{s}_{-i})$ $0 \geq 0$

この表は、すべての条件の組み合わせを表しているよ。

条件 1. 入札額 a_i で i が勝つ $\boldsymbol{s}_{-i}$ の場合

入札額 a_i で勝てるということは、第 2 価格 $\boldsymbol{x}[2]$ よりも入札額 a_i のほうが大きいので、$a_i > \boldsymbol{x}[2]$ が成り立っている。このとき i の利得 $a_i - \boldsymbol{x}[2]$ は 0 より大きい。以下、a_i 以外の任意の入札額 x_i を考え、i が戦略を変えても利得が増えないことを確認する。

条件 1(a). 入札額 x_i でもプレイヤー i が勝つとき

a_i 以外の入札額 x_i でも i が勝つ場合、支払額は依然として $\boldsymbol{x}[2]$ である。よって、利得は $a_i - \boldsymbol{x}[2]$ のまま変わらないので

$$u_i(a_i, \boldsymbol{s}_{-i}) \geq u_i(x_i, \boldsymbol{s}_{-i})$$
$$a_i - \boldsymbol{x}[2] \geq a_i - \boldsymbol{x}[2]$$

が成立する（表中 (A)(D) の場合）。

条件 1(b). 入札額 x_i でプレイヤー i が負けるとき

勝てない場合は i の利得が 0 になる。よって

$$u_i(a_i, \boldsymbol{s}_{-i}) > u_i(x_i, \boldsymbol{s}_{-i})$$
$$a_i - \boldsymbol{x}[2] > 0$$

が成立する（表中 (E) の場合）。

したがって、条件 1 の場合に（つまり a_i が勝つような任意の $\boldsymbol{s}_{-i}$ に対して）、a_i は他の戦略よりも大きいか、少なくとも同じ利得をもたらすことがわかる。

次に、a_i で負ける場合について考える

条件 2. 入札額 a_i で i が負ける $\boldsymbol{s}_{-i}$ の場合

a_i で勝てない場合、プレイヤー i の利得は

$$u_i(a_i, \boldsymbol{s}_{-i}) = 0$$

である。

以下、a_i 以外の任意の入札額 x_i を考え、i が戦略を変えても利得が増えないことを確認する。

条件 2(a). a_i 以外の x_i でも負ける場合

利得は 0 のまま変わらない（表中 (C)(F) の場合）。

条件 2(b). a_i 以外の x_i で勝てる場合

a_i では勝てないので、$a_i \leq \boldsymbol{x}[2] < \boldsymbol{x}[1^*]$ が成立している。ここで $\boldsymbol{x}[1^*]$ は a_i で勝てない場合の最高入札額とする。したがって、勝つためには $x_i > \boldsymbol{x}[1^*]$ を満たす x_i を入札せねばならない。すると i が支払う価格は、第 2 価格 $\boldsymbol{x}[1^*]$ となり $a_i < \boldsymbol{x}[1^*]$ という関係から利得はマイナスになる。よって

$$u_i(a_i, \boldsymbol{s}_{-i}) > u_i(x_i, \boldsymbol{s}_{-i})$$
$$0 > a_i - \boldsymbol{x}[2]$$

となる（表中 (B) の場合）。

結局、条件 2 の場合でも a_i は他の戦略 x_i よりも大きな利得か同じ利得をもたらすことがわかった。

ゆえに、条件 1 と条件 2 を合わせて考えれば、どんな場合でも a_i は、$x_i \neq a_i$ がもたらすよりも大きな利得か同じ利得を i にもたらす。ゆえに a_i は i の支配戦略である。

以上の考察は任意のプレイヤー i について成立するので、

$$(a_1, a_2, \ldots, a_n)$$

は支配戦略解である。

「なるほどー。やっとわかったよ。ようするに、正直に評価値を申告すれば、他の額を申告した場合以上の利得をもらえるってことね。無理して大きな額を入札しても、第 2 価格が自分の評価値より大きい場合は、オークションに勝っても損をしちゃうんだ」

「そのとおり。このタイプの証明では、場合分けをきちんとすることが重要だよ。網羅的に考えないと正しい証明にはならないからね」

11.4　メカニズムデザイン

「第 2 価格封印入札モデルのインプリケーションは、単に《こういうオークションの場合に、支配戦略解が存在する》ということじゃない」

「じゃ、なんなの？」

「真に重要なインプリケーションは、

> 参加者に正直に評価額を入札させるためには、オークションのルールをどのように設定すれればよいか？

という問題に対して理論的な解答を与えているところだ。つまり第 2 価格封印入札というルールは、合理的な人々が、自らの利得を最大化しようとすれば、自動的に正直な評価値を申告しなければならないように設計されているんだよ。このルールは人々に、正直な評価値の申告を強制しているわけじゃない。ただ、こういうルールで入札額を自由に決めてください、と参加者に呼びかけているだけだ。上手にルールを設定すれば、設計者の思いどおりに人々の選択をコントロールすることができる。行為を強制するのではなく、

人々の合理性にもとづいて効率的な選択を誘導するんだよ」

「そっか。これは実際の行動を分析するためだけのモデルじゃなくて、他に目的があるんだね」

「オークションのルールを設定する人、より一般的には、ゲームのルールを設定する人こそが重要なんだ。もし君がルールを設定する立場にあれば、適切なルール設定により、人々の選択をコントロールできる可能性がある。これを《メカニズムデザイン》というんだよ。ゲームのルールはとても重要だ」

「メカニズムデザインかー。そういう視点からオークションを考えたことはなかったな。おかげでオークションの設計についても勉強できたし、ゲーム理論の基本も以前よりは理解できたよ。まずは支配戦略解がどの戦略の組み合わせなのかを探せばいいんだね」

「うん、支配戦略があるとは限らないけど」

「え？ 支配戦略がないときもあるの？」青葉は少し驚いた。どんなゲームにも支配戦略があると思い込んでいたからだ。

「うん。ないゲームもあるよ」

「そういうゲームは、どうやって分析するの？」

「ナッシュ均衡を探すのが一般的かな」

「ナッシュ均衡……。それ有名なやつだよね。聞いたことある。意味は忘れちゃったけど……。みんながいい感じに得してる状態のことだっけ？」

「《いい感じに得》は曖昧すぎるよ」花京院は苦笑した。

11.5　デートの行き先は？

「有名な例でナッシュ均衡を説明しよう。もしデートに行くなら、どこに行きたい？」

「デ、デート？ 花京院くんと？ ちょっまっ、ふぉ」

「いや、説明のための例えなんだけど」

「えーっと、じゃあ……、《山羊山動物園》か《森の水族館》」

「動物園か水族館ね」

「いや、私くらいのデートマスターになると、もっといいところ知ってるんだよ。穴場的な？ でもまあ、例だから例。わかりやすい場所じゃないと」

「いいよ、その2つで。行き先の組み合わせと、その組み合わせからの利得が次の表で表されると仮定しよう」

デートの行き先

		青葉	
		動物園	水族館
花京院	動物園	2, 1	0, 0
	水族館	0, 0	1, 2

「表の読み方はさっきと同じだよ。この利得表をもとに、行き先を2人が相談せずに決める状況を考えてみよう」

「え、ちょっと待って。デートでしょ？　どうして相談せずに行き先を決めちゃうの？」

「たしかに不自然だけど、ナッシュ均衡を説明するためには、2人が相談して協力できない状況、つまり非協力ゲームを仮定する必要があるんだ」

「状況が不自然すぎて話が入ってこないよ」

「じゃあ、こうしよう。行き先は事前に『水族館』に決まっていて、待ち合わせ場所はその前だった」

「うん」

「待ち合わせ場所に向かう途中で、2人とも今日は水族館が定休日だということに気づいたんだ」

「なるほど。じゃあ、すぐに連絡しなきゃ」

「ところが、うっかりものの君は、スマホを家に置いてきてしまった」

「ちょっとー、なんで私だけそんなおっちょこちょいキャラの設定なのよ」

「君はよく、家にスマホを置いてくるじゃん」

「ぐっ。認めたくない。若さゆえの過ちを……。でもお互い定休日だってわかってるんなら、行き先を動物園に変えればすむんじゃ……、はっ」

青葉の様子を見て、花京院はにやりと笑った。

「たしかに2人とも、今日が定休日であることは知っている。でも、相手もそれを知っているかどうかはわからない」

「ってことは、相手がどちらに向かうか、お互いにわからないってことか……。うーん、普通だったら待ち合わせ場所の水族館に向かうけど、わざわざ閉まっていることがわかってるのに行っても無駄だしなー。花京院くん

なら絶対先読みして動物園に向かいそうだし……。うーん、どっちに行けばいいのか」

「このゲームには支配戦略が存在しない。なぜなら、

　　　相手が動物園の場合、自分も動物園

のほうが利得は高いけど、

　　　相手が水族館の場合、自分も水族館

のほうが利得が高いからだ」

「そうだね。別々の場所に行ってもデートにならないもんね。でも、支配戦略がないから、相手がどっちを選ぶかを予想できないよ」

「相手がどちらを選ぶかはわからない。でもこのゲームを、ナッシュ均衡を使って分析することはできる。ナッシュ均衡は、一度その状況が実現すると、お互いにそこから逸脱する誘因がない状態を示している。まずは直感的な定義を与えたうえで、4つの戦略の組み合わせが、それぞれナッシュ均衡になっているかどうかを調べてみよう」

> 定義 11.8（ナッシュ均衡（直感的定義））
> 以下の2条件を満たす戦略の組み合わせを《ナッシュ均衡》という。
>
> 1. 自分だけ戦略を変えても利得が増えない
> 2. 上記 1. が全員に成り立つ

「これだけ？」

「うん。いまのところはこれで十分。この定義を使って、表の組み合わせの中でどこがナッシュ均衡になるかを確かめてごらん。モデルを理解するには、モデルの世界に入って考えるんだよ」

青葉は、表に矢印を書き込みながら、利得がどう変化するのかを比べてみた。

えーっと、まず（動物園, 動物園）っていう組み合わせから確かめてみるよ。さっき描いてくれた図を使って……、

11.5 デートの行き先は？

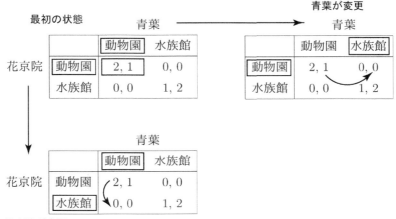

（動物園, 動物園）の組から、1人だけ戦略を変えた場合の利得の変化

　最初の状態では、花京院くんと私が動物園を選択している。
　ここから……、私だけが選択を変える。すると……、私の利得は1から0に減るね。
　次に、花京院くんだけが選択を変えたと仮定する。
　すると……、花京院くんの利得は2から0に減る。
　まとめると、『自分だけ戦略を変えても利得が増えない』ってことが『全員（私と花京院くん）』について成り立ってるよ。ってことは

（動物園, 動物園）

っていう組み合わせはナッシュ均衡だ！

「うん、その通りだよ。1人ずつ選択を変えた場合の利得をちゃんと比較したところがよかったね」
「なんだあ、簡単じゃない」
「他には？」
「へ？」青葉は思わず目を見開いた。
「だって、まだ1つの組み合わせしか調べてないでしょ」
「でもナッシュ均衡が見つかったから、もういいじゃん」

「ナッシュ均衡は、1つとは限らないよ」

「え？ そうなの、だって定義に……、うわわ、たしかに1つだけとは書いてない。ってことは、他にも条件を満たす組み合わせがあれば、それもナッシュ均衡なんだね」

「そういうこと」

「よーし、じゃあ次の組みあわせを調べよう。次は(水族館, 動物園)が最初の状態だと仮定するよ」

青葉は利得表を書いた計算用紙に、新しい矢印を書き込んだ。

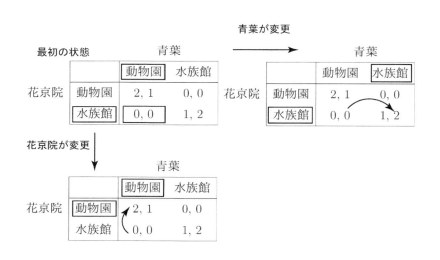

（水族館, 動物園）の組から、1人だけ選択を変えた場合の利得の変化

私だけ選択を変えると私の利得が上がるし、花京院くんが選択を変えると花京院くんの利得も上がるね。

だからこの状態はナッシュ均衡じゃないよ。

まあ、これはなんとなく違うかなーって思ってたから、予想どおりだね。

よし、続けて

　　　　（動物園, 水族館）と（水族館, 水族館）

がナッシュ均衡かどうかを確認してみるよ。

えーっと、私だけ選択を変えるとこうなって……、次に花京院くんだけ選択を変えると、こうなるから……、ふむふむ。

（水族館, 水族館）

はナッシュ均衡で、

（動物園, 水族館）

はナッシュ均衡じゃないね。
　まとめると、こんな感じだよ。

ナッシュ均衡である：（動物園, 動物園），（水族館, 水族館）
ナッシュ均衡でない：（水族館, 動物園），（動物園, 水族館）

「間違っていない？」青葉が聞いた。
「うん。あってるよ。ナッシュ均衡かどうかを判定する手順はこうだよ。

1. 調べる状態（戦略の組み合わせ）を1つに固定する
2. 対象の状態から1人だけ戦略を変えて、利得が増えないかどうかを調べる
3. 上記1.2.を繰り返して、全員もれなくチェックする

もし、1人でも利得が増える人がいたら、ナッシュ均衡じゃないからね」

11.6　ナッシュ均衡——より一般的な定義

「2人ゲームの例でナッシュ均衡のイメージがつかめたと思うから、一般的な n 人ゲームでの定義を確認しておこう」

> **定義 11.9 (ナッシュ均衡)**
> プレイヤーの集合を $N = \{1, 2, \cdots, n\}$、プレイヤー i の戦略集合を S_i で表す。戦略の直積集合を $S = S_1 \times S_2 \times \cdots \times S_n$、その要素を $s \in S$ で表す。戦略の組み合わせ $s \in S$ がナッシュ均衡であるとは、

> どのプレイヤー i についても、任意の戦略 $t_i \in S_i$ について
>
> $$u_i(s_i, \boldsymbol{s}_{-i}) \geq u_i(t_i, \boldsymbol{s}_{-i})$$
>
> が成立することをいう。

青葉は何度も定義を読み直した。しかし、どうにも頭に入ってこなかった。

「この《任意の戦略 $t_i \in S_i$》ってところがよくわからないなー」

「僕も昔はこの表現が苦手だった。ナッシュ均衡の定義では《任意の》が二重に使われているから注意が必要だ。まず1つめの《任意の》は $t_i \in S_i$ にかかる。これはね、

$$\text{戦略集合 } S_i \text{のすべての要素 } t_i \text{について}$$

という意味だよ。t_i が1つの記号として、S_i の要素を代表しているっていうイメージだ。

$$\text{《任意の戦略 } t_i \in S_i \text{》は、戦略集合 } S_i \text{の要素の中のどれでもよい}$$

っていう意味だよ。だから任意の $t_i \in S_i$ について

$$u_i(s_i, \boldsymbol{s}_{-i}) \geq u_i(t_i, \boldsymbol{s}_{-i})$$

が成立するとは、

$$s_i \quad \text{と} \quad \boldsymbol{s}_{-i}$$

を固定したまま、右辺の t_i を入れ換えながら、かたっぱしから確かめていくと、どんな t_i でも不等式が成立するという意味なんだ。

この不等式の意味は、i が使っている戦略 s_i を、戦略集合 S_i の要素である他のどんな戦略に変えたとしても、i の利得は増えないってことだよ。少し具体的な例をつくってみよう」

花京院がテーブルの上の計算用紙に式を書き足した。

「たとえば、i の持っている戦略集合を $S_i = \{a, b, c\}$ と仮定する。このとき任意の $t_i \in S_i$ とは、a, b, c のどれでもよいことを意味している。だから、任意の $t_i \in S_i$ について

$$u_i(s_i, \boldsymbol{s}_{-i}) \geq u_i(t_i, \boldsymbol{s}_{-i})$$

11.6 ナッシュ均衡——より一般的な定義

という命題は、この場合

$$u_i(s_i, \boldsymbol{s}_{-i}) \geq u_i(a, \boldsymbol{s}_{-i})$$
$$u_i(s_i, \boldsymbol{s}_{-i}) \geq u_i(b, \boldsymbol{s}_{-i})$$
$$u_i(s_i, \boldsymbol{s}_{-i}) \geq u_i(c, \boldsymbol{s}_{-i})$$

と同じ意味だよ」

「ふむふむ、そうか。t_i のなかに i があるけど、任意の t_i は、i が 1 から n まで動くわけじゃなくて、t_i それ自体がひとつの記号で、戦略集合の中でいろいろ中身が変わると考えればいいんだね」

「そういうこと。次にもう一つ《どの i についても》がある。これは《任意の i について》と同じ意味で、1 から n までのすべてについて、という意味だ。つまり第 1 段階として、

> 任意の t_i について、$u_i(s_i, \boldsymbol{s}_{-i}) \geq u_i(t_i, \boldsymbol{s}_{-i})$ が成立する。

さらに第 2 段階として

> 任意の i について「任意の t_i について、$u_i(s_i, \boldsymbol{s}_{-i}) \geq u_i(t_i, \boldsymbol{s}_{-i})$ が成立する」が成立する。

という 2 重構造になっている。言い換えると

任意の t_1 について	$u_1(s_1, \boldsymbol{s}_{-1}) \geq u_1(t_1, \boldsymbol{s}_{-1})$
任意の t_2 について	$u_2(s_2, \boldsymbol{s}_{-2}) \geq u_2(t_2, \boldsymbol{s}_{-2})$
$\vdots$	$\vdots$
任意の t_n について	$u_n(s_n, \boldsymbol{s}_{-n}) \geq u_n(t_n, \boldsymbol{s}_{-n})$

が成立する、ということだよ」

「そっかー。1 つずつ分けて考えればいいんだね」

「ちなみに《任意の》を表す記号は $\forall$ だよ。たとえば

$$\forall x \in \mathbb{R} \quad x^2 \geq 0$$

と書いてあったら、実数集合 $\mathbb{R}$ の要素である任意の実数 x について、$x^2 \geq 0$ が成立する、という意味だよ。数理モデルの説明では、この記号がときどき出てくるから覚えておくといいよ」

「あ、その記号知ってる。ターンエーでしょ。意味は知らなかったけど」
「なぜ、記号だけ知っている……」
「∀（ターンエー）ガンダムっていう、ガンダムのシリーズがあるんだよ」
「……、まさかとは思うけど、∃ガンダムなんてないよね？」花京院はうなだれた。
「そんなの聞いたことないよ。ν（ニュー）ガンダムならあるけど。アムロが設計したニュータイプ専用機だよ。自慢じゃないけど、これのおかげでν（ニュー）とμ（ミュー）の違いがわかるようになったんだ」

青葉はテーブルの上に散乱した計算用紙を片付けると、コーヒーカップを手にとった。
「今日は、いろいろ教えてもらったなー。入札に関して相談しただけなのに、結果的にはゲーム論の基礎も教えてもらったよ」
「ぜんぶ大学で君が習ったことだよ」
「うーん、そのときはさあ、まさか仕事に関連するなんて思わなかったんだよ」
「大学で学んだことはすべて仕事で役に立つ」
「そうかな。経済学とか統計はたしかに役立つけど。他の文系分野だったらどうかなって思うよ」
「そんなことはない。君は《役立つ》っていう概念を狭くとらえすぎている。考えるという普遍的な能力は、どの分野でも身につくし、それが一度身につけば、なんにだって応用できる」
「そうかな……」

青葉はそのとき、大学にいるあいだに、もう少し勉強しておけばよかったと思った。もしかすると自分は、大学で学ぶことの意味を理解していなかったのではないか。

店長が、青葉と花京院のカップに2杯目のコーヒーを注いだ。洋書の微かな匂いをかき消すように、コーヒーの甘い香りが、2人のあいだに広がった。

11.6 ナッシュ均衡——より一般的な定義

> **まとめ**
> - オークションで参加者に評価値を入札してもらうには、第2価格封印入札が有効である
> - 第2価格封印入札では評価値の組が支配戦略解となる
> - 支配戦略の存在しないゲーム理論のモデルが存在する
> - ナッシュ均衡は、そこから逸脱する誘因を誰も持っていない状態である。したがって一度実現すると、その戦略の組み合わせは均衡する
> - 応用例：ゲーム理論（の非協力ゲーム）を使って分析する場合は、2人以上の行為者が互いに依存し合う状況に適用する。プレイヤーが2人で選択肢が有限個の場合は戦略の組み合わせを表の形で示し、各状況下での利得を書き込みながら利得関数を定義する個人の利得が他者の選択に依存しない場合は、単なる意思決定問題（序章）に帰着するので、ゲーム理論モデルで考える必要はない

参考文献

中山幹夫, 1997, 『はじめてのゲーム理論』有斐閣.

> ゲーム理論のさまざまな応用例を解説した大学生向けのテキストです。第2価格封印入札における支配戦略解の証明を参照しました（第2価格封印入札に関しては坂井（2010）も参照）。

岡田章, [1996] 2011, 『ゲーム理論 新版』有斐閣.

> 大学生から大学院生向けのゲーム理論の標準的なテキストです。戦略形ゲーム、展開形ゲーム、繰り返しゲーム、協力ゲーム、進化ゲームなどのさまざまなタイプのモデルを、豊富な具体例を使って解説しています。ゲーム理論の基本概念について参照しました。

第12章

お金持ちになる方法

第 12 章
お金持ちになる方法

■ 12.1 初めてのボーナス

「ふっふっふ。今日はコーヒー代をおごってあげようかな。いつも、いろいろ教えてもらってるしねー。花京院くんは学生だから、毎日のコーヒー代だってたいへんでしょ」

仕事帰りに立ち寄った喫茶店で、青葉は機嫌よく微笑むと、テーブルの上の伝票を手元に引き寄せた。

「うん、そりゃありがたいけど。心なしか偉そうなのは、気のせいかな」花京院が手に持った論文から目を離さずに答えた。

青葉はバッグから社名の入った封筒を取り出した。

「ついにきたのよ。待ちに待ったあいつが。社会人の証。会社に魂を売った人間だけが、その代償と引き替えに享受できる特権。あれをついに私も手に入れたのだよ」

「いや、君そこまで熱心に働いてないでしょ。いつも定時で帰ってるみたいだし。で、なにを手に入れたの」

「ボーナスだよ。初めてのボーナスが出たんだよ」マジシャンが隠し持っていたトランプを取り出すように、青葉は封筒から給与明細をピシっと取り出した。

「へえー、これがボーナスの明細ってやつか。初めて見たよ」

「残業もけっこうあったしさあ。働くってたいへんだよ。いまごろになって、お父さんとお母さんの偉大さを理解したよ」

「そうだね。働いて、結婚して、子供を育てるなんて、ほとんど奇跡に近い。とてもできる気がしない」

「ところで花京院くん。大きな声じゃ言えないんだけど」青葉は声をひそめて花京院に耳打ちした。といっても、駅前の喫茶店は、いつものごとく利用客が少ないため、誰かに会話を盗み聞きされる心配はなかった。

「どうしたの」読みかけの論文に視線を戻しながら花京院が聞いた。

「じつはね、私発見しちゃったの。《働かずにお金を稼ぐ方法》を」

「へえー。どうやるの？」花京院があまり興味なさそうに聞いた。

「ちょっとー。もう少し興味持ちなさいよ」

「わかったわかった。その方法がほんものなら僕も興味があるよ。だって働かずに研究だけして生きていけたら、最高に幸せだからね。で、どうやるの？」

12.2 ギャンブルでお金持ちになる方法

「まず用意するのはね、十分な量のお金」

「お金を稼ぐのに、まず大量のお金を準備しなきゃいけないのか。それは……」

「次に、賭け金の上限がない勝率50%のギャンブルを見つけてくる」

「賭博って刑法で禁じられてなかった……？ しかも胴元が破産する可能性を持つ青天井の勝率50%のギャンブル……？」

「まあ、いいじゃない。仮定の話よ。この条件のもとで、私があみだした《倍賭法》を使うんだよ」

「いろいろと突っ込みどころが満載だけど、続きを聞こう」花京院は諦めたように、読みかけの論文をテーブルの上に置いた。

「じゃあ、ギャンブルの方法はルーレットだとするよ」青葉は、テーブルの上の計算用紙に、仮定を書いた。

1. ルーレットの「赤」か「黒」に賭ける。成功すれば賭金が2倍に増え、失敗すれば賭金を失う。「赤」と「黒」はそれぞれ50%の確率で出現する
2. プレイヤーは十分な初期資産を持つ
3. 胴元は、賭金の上限を設定しない

「仮定を明示するのはいいことだよ」花京院は青葉が考えた条件を確認した。青葉が説明を続ける。

「実際のルーレットだと、《00》が出たときは親の総取りになるけど、これから考えるモデルでは、《00》はないよ。つまり、勝つのも負けるのも50％ってこと。2番目の仮定は、プレイヤーが最初にお金をたくさん持っているという意味だよ。100万円とか1000万円とか、大金を想像してね。3番目の仮定は、胴元にとってもリスクがあるから、現実的じゃないけど、これが《倍賭法》には必須の条件なの。で、私の考えた《倍賭法》はこうだよ」

> **定義 12.1（倍賭法）**
> 初回に x 円を賭ける。勝てばそこでやめる。もし負けたら次の回には $2x$ 円を賭け、勝ったらそこでやめる。もし続けて負けたら、次は前回の倍（$4x$ 円）を賭ける。以降、勝つまで賭金を倍賭けしながら繰り返す。ただし一度でも勝ったらその日のギャンブルは終了とする。これを毎日繰り返す。

花京院は倍賭法の定義をじっと見て、それから計算用紙をテーブルの上に広げると、数字を書き始めた。

「なるほど、1日あたり、勝つ回数は1回でいいのか……。それに対して、負けてもいい回数は初期資産に比例して大きくなる」

花京院はさらに計算を続けた。

「その結果、相対的に1日の成功確率が大きくなるんだな。なかなか、おもしろいアイデアだね」花京院は青葉の思いつきを評価した。

「どう？ 1日に1回だけ勝てばいいってところがポイントだよ」

「どのくらい長続きするのか計算してみよう。働かないでギャンブルだけで生きていくには……　そうだね、1日1万円稼ぐ必要があると仮定しよう」

花京院は、新しい計算用紙をもう1枚取り出した。

初期資産を1000万円として、初回賭け金を1万円と仮定しよう。つまり1日1万円の小遣いを稼げば、その日のギャンブルは終了、という条件だよ。

倍賭法で賭けていくと、

1回目の賭金：1万円
2回目の賭金：2万円

$$3\text{回目の賭金}: 4\text{万円}$$
$$4\text{回目の賭金}: 8\text{万円}$$
$$\vdots$$

だから、2 の指数を使って表すと

$$1\text{回目の賭金}: 1\text{万円} = 2^0\text{万円}$$
$$2\text{回目の賭金}: 2\text{万円} = 2^1\text{万円}$$
$$3\text{回目の賭金}: 4\text{万円} = 2^2\text{万円}$$
$$4\text{回目の賭金}: 8\text{万円} = 2^3\text{万円}$$
$$\vdots$$

となる。この規則を n 回まで適用すれば、n 回目の賭け金は

$$2^{n-1}\text{万円}$$

となる。

12.3 倍賭法の落とし穴

「ではここでクイズ。n 回までに賭けたお金の《総額》はいくらになるかな？」花京院が問題を出した。

「合計を考えればいいんだね？ それくらいなら私でも計算できるよ」青葉が新しい計算用紙を取り出し、合計金額を足していく。

---

1 回目から n 回目までの賭け金を全部足すと ……

$$1\text{万円} + 2\text{万円} + 4\text{万円} + \cdots + 2^{n-1}\text{万円}$$
$$= 2^0\text{万円} + 2^1\text{万円} + 2^2\text{万円} + \cdots + 2^{n-1}\text{万円}$$

あ、……ちょっと待って。この式は、初項 1、公比 2 の等比数列の総和とみなせば、もっと簡単になるね[*1]。

[*1] 初項 a、公比 $r(\neq 1)$ の等比数列の第 n 項までの総和は
$$ar^0 + ar^1 + \cdots + ar^{n-1} = \frac{a(1-r^n)}{1-r}$$

$$2^0 万円 + 2^1 万円 + 2^2 万円 + \cdots + 2^{n-1}$$
$$= 1 \cdot 2^0 万円 + 1 \cdot 2^1 万円 + 1 \cdot 2^2 万円 + \cdots + 1 \cdot 2^{n-1} 万円$$
$$= \frac{1(1-2^n)}{1-2} 万円 = -1(1-2^n) 万円 = (2^n - 1) 万円$$

だね。あってるかな？

「あってるよ。等比数列の総和を使うところが、いいアイデアだったね。この計算結果を使って、1000万円の元手があったとき、1日に何回まで負けることができるか確かめてみよう」花京院が続けた。

$$n = 9 のとき \quad (2^n - 1) 万円 = 511 万円$$
$$n = 10 のとき \quad (2^n - 1) 万円 = 1023 万円$$

「10回目までの賭金の総額が1023万円。つまり10回連続で負けると、1000万円以上を失うことになる。《倍賭法》が使えるのは、およそ9回まで、10回連続で負けると《倍賭法》は成立しない」

「そっかあ。……でも、10回連続負けるって、かなり小さい確率だよね？ 滅多に起こらないことだから心配しなくてもいいんじゃない？」

「じゃあ、その確率を計算してみよう」花京院は青葉のノートPCを使って計算した。

$$0.5^{10} = 0.000976563 \approx 約 0.1\%$$

「ほら、滅多に起こらないじゃん。これなら毎日続けても大丈夫だよ」

「たしかに0.1%以下の確率で起こることなんて、1回限りのイベントなら無視してもいいだろう。でも毎日続けると、どうかな？」花京院は計算を続けた。

「1年間《倍賭法》を使ったと仮定してみよう。1日の成功確率は $1 - 0.5^{10}$ だから、365日連続で成功する確率は

$$(1 - 0.5^{10})^{365} \approx 0.7000.$$

成功する確率は約70%しかない。逆に言うと、約30%の確率で、1000万円の財産を失うリスクがある」

です。$r = 1$ の場合の総和は an です

「そっかー。やっぱりダメかー。いいアイデアだと思ったのにな。やっぱり働かずにお金を稼ぐのは無理かー」青葉は残念そうに言った。

「所得のプロセスを考えるモデルとしては、いいアイデアだったよ。《働いてお金を稼ぐこと》と《ギャンブル》には、なにか共通する構造が潜んでいると僕は思う」

「え、どういうこと？《働くこと》と《ギャンブル》は全然違うじゃん」

「表面的にはたしかに違って見える。でも、両者には共通点がある。どちらも

1. 成功が運に左右される
2. 儲けたお金を元手に、次の投資ができる

という点だ」

「ちょっとなに言ってるかわからない」

「君のアイデアをもとにして、どうやったらお金持ちになれるかを考えてみよう。あっ。そのまえに……、そもそも所得の分布ってどんな形か知ってる？」花京院が聞いた。

「所得の分布のカタチ？」

「うん。横軸に金額をとって、縦軸に割合をとったときの、グラフの形のこと」

■ 12.4　所得分布のカタチ

青葉はしばらく考えこんだ。しかしいくら想像しても、これだ！ という形を思いつかなかった。青葉は紙にいくつかの山の形を描き、最終的に自分が想像する分布の形に○をつけた。彼女が示した図は次のようなものだった。

第12章 ● お金持ちになる方法

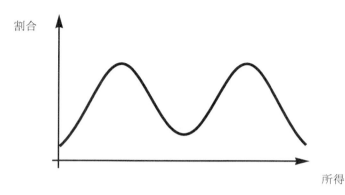

青葉が想像した所得分布

　花京院は興味深そうに、その図を眺めた。
　「なるほど……、二峰型の分布か。どうしてこの形だと思ったの？」
　「ほら、よくニュースで《格差社会》とか《不平等の拡大》っていう言葉を聞くじゃない。だから、貧しい人と裕福な人に、パキっと分かれるんじゃないかなあって思ったんだ」青葉の説明を聞いて、花京院は、なるほど、とうなずいた。
　「世帯年収のデータによれば、分布の形はこうだよ」花京院はノートPCを開くと、世帯年収の分布を表示してみせた。それは、青葉の想像とはまったく違っていた。

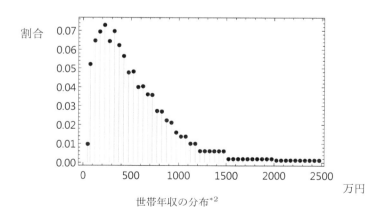

世帯年収の分布[*2]

[*2] 平成28年度国民生活基礎調査より作成しました

「高額所得者のデータは詳細まではわからないから、1000万円以上はカテゴリごとに一様分布に変換して表示してあるよ。横軸が世帯年収の金額（万円）を、縦軸はその年収を稼ぐ世帯が全体の何割いるのかを示している」

「へえ……。なんだかヘンなカタチ。山の頂上が左に偏ってるんだね」予想が外れ、青葉は少しがっかりした。分布の形が左右非対称であることも、なんだかすっきりしなかった。

「この形からどんなことがわかる？」花京院が聞いた。

青葉はグラフの横軸と縦軸の数値を注意深く交互に観察した。

「山が一番高いところは、だいたい300万〜400万円かな。ってことは、そのくらいの年収の家庭が日本には一番多いんだね。それと……収入が高い人は、思ったよりも多くないね。うーん、収入の分布がこんな形だなんて、知らなかったな」

「日本に限らず多くの社会で、所得分布は左右非対称で、右の裾野が長く、最頻値が低所得側に位置している。ようするに、こういうカタチをしてるんだ。低・中所得階層に大部分の人が集中し、所得が高くなればなるほど、その割合が減る、という特徴を持っているんだよ」

12.5 確率分布による近似

「過去数十年間にわたって蓄積されてきた統計データによれば、この傾向は時代や国の違いに影響されないらしい。数学的には《対数正規分布》や《パレート分布》という確率分布で近似できるんだ」

「そんな分布、聞いたことないよ」

「あまり馴染みがないかもしれないけど、《対数正規分布》は統計でよく使われる正規分布の親戚のようなものだよ。対数をとったときに正規分布にしたがう確率変数の分布を、そう呼ぶんだ。正規分布の対数じゃないから注意してね。確率密度関数の定義とそのグラフはこうだよ」

$$f(x) = \begin{cases} \frac{1}{\sqrt{2\pi\sigma^2}x} \exp\left\{-\frac{(\log x - \mu)^2}{2\sigma^2}\right\}, & x > 0 \\ 0, & x \leq 0 \end{cases}$$

第12章 ● お金持ちになる方法

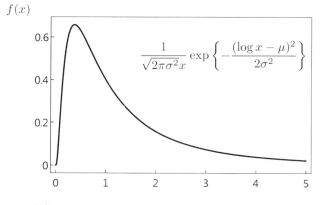

対数正規分布の確率密度関数 $f(x)$ のグラフ. $\mu=0, \sigma=1$

「あ、ほんとだ。さっき見た世帯年収の分布とよく似た形をしてるよ」

「《対数正規分布》は所得分布の低・中層に対してよく当てはまるんだ。一方で《パレート分布》は、所得の高層によく当てはまることが知られている。その確率密度関数とグラフはこうだよ」

$$f(x) = \begin{cases} \frac{k^\alpha \alpha}{x^{1+\alpha}}, & x \geq k \\ 0, & x < k \end{cases}$$

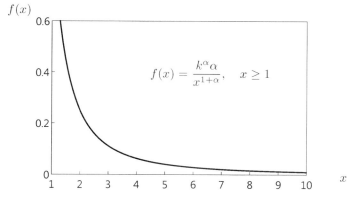

パレート分布の確率密度関数 $f(x)$ のグラフ. $k=1, \alpha=1$

「分布のパラメータは、時代や国で違いがあるはずだけど、本質的な構造

は変わらない」花京院は、過去10年間の日本の所得分布を重ねて見せた。その形状は、ほとんど一致していた。

「でもさあ、私もそうだけど、世の中の大半の人は所得分布のカタチなんて知らないんだよね」

「そうだろうね。僕も経済学の本を読んで初めて知った」

「ってことはさ、みんなこういうカタチを維持しようと思ってないのに、自然といつも同じカタチに落ち着くってことなんだね。なんか不思議」

花京院は「そうだね、とても不思議だ」と楽しそうに言った。

12.6 累積効果

「さて、君が考えた《働かずに生きていく方法》は、残念ながら実用性に欠けていた。その方法を個人の観点からではなく、社会全体を俯瞰する視点から分析してみよう」

「社会全体？」青葉が聞き返した。

「そう。社会にいるすべての人が《倍賭法》を使ってお金を稼ぐゲームに参加したと考える。たしかに多くの人は失敗するけど、全員が失敗するわけじゃない。少数の人は勝ち続けることができるはず。ただし、今度は《倍賭法》の逆の発想で、勝てば勝つほど多くを賭けて、負ければ負けるほど少なく賭けると仮定しよう」

青葉は花京院がなんのために、《倍賭法》とは逆に、勝った場合に多く賭けると考えるのか理解できなかった。頭をひねる青葉をよそに、花京院はモデルの仮定を特定することに集中した。

「賭金が現在の所持金に比例すると仮定する。そうすれば、勝った場合には自動的に賭金が上がるし、負けた場合には賭金が下がる」

花京院は、仮定を計算用紙の上に書き直した。

1. 人々は正の初期所持金 y_0 を持ち、そこから一定割合 b を賭ける（$0 < b < 1$）
2. ゲームを n 回繰り返した後の所持金を y_n で表す
3. 毎回の賭金は、その時点で持っている所持金の b 割合とする

「これでうまくいくの？」と青葉が聞いた。

「うまくいくかどうかは計算してみないとわからない。さっそくやってみ

よう」

　花京院はコーヒーカップをテーブルの隅にどけると、計算にとりかかった。

　初期所持金は y_0 だから、最初に賭ける金額は $y_0 b$ だね。

　結果は《勝つ》か《負ける》かの 2 通りしかないから、ゲームに 1 回勝った場合、トータルの所持金 y_1 はこうなる。

$$y_1 = y_0 + y_0 b = y_0(1+b).$$

2 回連続で勝つ場合、y_1 をもとに賭けるから、y_2 は

$$y_2 = y_1 + y_1 b = y_1(1+b) = y_0(1+b)(1+b) = y_0(1+b)^2.$$

　2 回目も所持金に対する一定の割合 b を賭けるから、1 回目で勝つと、2 回目に賭ける金額は増加する。

　以下同様に、3 連続、4 連続で投資に成功した場合の総額を考えると、

$$y_3 = y_0(1+b)^3, \quad y_4 = y_0(1+b)^4$$

と予想できる。だから、n 回投資に成功した場合の総額 y_n は

$$y_n = y_0(1+b)^n.$$

　次に、失敗した場合を考える。

　失敗した場合、今度は賭けた金額を引けばいい。たとえば 1 回目に失敗した場合、y_1 は

$$y_1 = y_0 - y_0 b = y_0(1-b).$$

2 回連続で失敗すると、y_2 は

$$y_2 = y_1 - y_1 b = y_0(1-b)^2.$$

この結果から、n 回連続で失敗すると、y_n は

$$y_n = y_0(1-b)^n$$

と予想できる。

だんだん規則性がわかってきたぞ。ここまではいいかな？

「うん。勝てば勝つほど自動的に賭ける額が大きくなるし、逆に負ければ負けるほど賭ける額が小さくなるってことはわかったよ」
「それだけじゃない。この仮定を使えば、勝ち負けの総数が同じであれば経路によらず、最終所持金が同じになる」
「どういうこと？」
「たとえば、ゲームを 5 回繰り返したプレーヤーが 2 人いるとしよう。それぞれ A、B と呼ぶことにして、彼らの結果が次のとおりと仮定する」

$$A : \bigcirc, \bigcirc, \bigcirc, \times, \times$$
$$B : \times, \bigcirc, \bigcirc, \times, \bigcirc$$

「この 2 人は、結果的には同じ回数だけ《成功○》と《失敗 ×》を経験している」
「そうだね、順番は違うけど、2 人とも成功 3 と失敗 2 だね」
「2 人の手元に残った金額は同じだと思う？」花京院が質問した。
（うーん、どうかな……）
青葉は頭の中で計算を試みたが、うまくいかないので、紙を使って計算を始めた。頭の中で考えるのではなく、紙を使ってメモリを外部化する。これは彼女が身につけた花京院の教えだった。

A の場合は、えーっと

　　成功 3 回 → 失敗 2 回

を経験した場合の最終所持金だから、3 回成功した時点で

$$y_3 = y_0(1+b)^3$$

になっていて、4 回目に負ける。つまり

$$y_4 = y_3 - y_3 b = y_3(1-b) = y_0(1+b)^3(1-b)$$

になるんだね。最後の1回は負けだから

$$y_5 = y_4 - y_4 b = y_4(1-b) = y_0(1+b)^3(1-b)^2$$

だ。次にBの場合、つまり

失敗 → 成功2回 → 失敗 → 成功

を経験した人の最終所持金を考えるよ。順番に1つずつ計算すると……

1回目×	$y_1 = y_0 - y_0 b = y_0(1+b)^0(1-b)^1$
2回目○	$y_2 = y_1 + y_1 b = y_0(1+b)^1(1-b)^1$
3回目○	$y_3 = y_2 + y_2 b = y_0(1+b)^2(1-b)^1$
4回目×	$y_4 = y_3 - y_3 b = y_0(1+b)^2(1-b)^2$
5回目○	$y_5 = y_4 + y_4 b = y_0(1+b)^3(1-b)^2$

だから、AとBの総利得はどちらも

$$y_5 = y_0(1+b)^3(1-b)^2$$

だよ。

「ほんとだ、同じになった！」青葉が少し興奮気味に叫んだ。

「実数の乗算は、かけあわせる順番を変えても結果は変化しない。乗法の可換性という性質だよ。この性質により、結果の経路によらずトータルの利益は、必ず一致する」花京院が一般式を書いた。

---

n回ゲームを繰り返したとき、x回成功して、$n-x$回失敗すると、トータルの利益は

$$y_n = y_0(1+b)^x(1-b)^{n-x}$$

である。

12.7　対数正規分布の生成

ここからさらにy_nの分布を調べてみよう。まず計算を簡単にするために、y_nの対数をとる。

12.7 対数正規分布の生成

$$\begin{aligned}\log y_n &= \log\{y_0(1+b)^x(1-b)^{n-x}\} \\ &= \log y_0 + \log(1+b)^x + \log(1-b)^{n-x} \\ &= \log y_0 + x\log(1+b) + (n-x)\log(1-b) \\ &= \log y_0 + x\log(1+b) + n\log(1-b) - x\log(1-b) \\ &= x\log\left(\frac{1+b}{1-b}\right) + \log y_0 + n\log(1-b)\end{aligned}$$

となる。この変形で、対数の性質

$$\log(ab) = \log a + \log b, \quad \log\left(\frac{a}{b}\right) = \log a - \log b, \quad \log x^a = a\log x$$

を使ったよ。ここで、n 回の試行で x 回成功する確率を考えてみる。

毎回の成功・失敗はベルヌーイ確率変数 X_i で表すことができる。成功したときを 1、失敗したときを 0 と定義すれば、n 個の和は成功回数に等しい。

$$X_1 + X_2 + \cdots + X_n = X.$$

成功回数を表す確率変数を X と定義しよう。

僕らはすでに、ベルヌーイ確率変数の和が 2 項分布にしたがうことを知っている。1 回ごとの成功確率を p とおけば、n 回後の成功回数 X は 2 項分布 $\mathrm{Bin}(n,p)$ にしたがう。X の確率関数は

$$P(X=x) = {}_nC_x p^x (1-p)^{n-x}$$

だよ。ここで 2 項分布 $X \sim \mathrm{Bin}(n,p)$ をその平均 np と標準偏差 $\sqrt{np(1-p)}$ で標準化して

$$Z = \frac{X - np}{\sqrt{np(1-p)}}$$

という確率変数 Z を新たにつくる。この Z は $n \to \infty$ のとき、標準正規分布 $N(0,1)$ に近づくことが知られている。これを《ド・モアブル＝ラプラスの定理》あるいは《2 項分布に関する中心極限定理》という[*3]。

あらためて、総所持金に含まれる確率変数を大文字で表すと、

$$\log Y_n = X\log\left(\frac{1+b}{1-b}\right) + \log y_0 + n\log(1-b).$$

[*3] この定理の証明は河野 (1999:166-174, 第 8 章末文献リスト) を参照してください

ここで、確率変数 X の係数である

$$\log\left(\frac{1+b}{1-b}\right)$$

と、第 2 項と第 3 項の和

$$\log y_0 + n\log(1-b)$$

に注目してみる。

これらの数は確率変数ではなく、モデルの仮定として与えられる数値、つまり定数だ。定数の部分を c, d で表せば、確率変数 Y_n は

$$\log Y_n = cX + d$$

と表すことができる。こうしてみると、$\log Y_n$ が確率変数 X の一次変換になっていることがよくわかる。

ここで、2 項分布 X は標準化したとき標準正規分布 $N(0,1)$ に近づくから、標準化しない場合にどういう分布で近似できるかを考える。

正規分布の性質として、定数 c, d について

$$X \sim N(\mu, \sigma^2) \implies cX + d \sim N(c\mu + d, c^2\sigma^2)$$

が成立する。したがって

$$Z = \frac{X - np}{\sqrt{np(1-p)}} \iff X = \sqrt{np(1-p)}Z + np$$

のとき

$$Z \sim N(0,1) \implies X \sim N(np, np(1-p))$$

である。

つまり、2 項分布 $X \sim \mathrm{Bin}(n,p)$ は $n \to \infty$ のとき、正規分布

$$X \sim N(np, np(1-p))$$

に近づく。

テーブルの上はすでに計算用紙で埋めつくされていた。

「以上の考察から、最終所持金の対数 $\log Y_n = cX + d$ における X の分布は、正規分布で近似できることがわかった。では、定数 c, d によって変換した

$$cX + d$$

の分布は、なにかな？」花京院が楽しそうに聞いた。

「えーっと……。あっ！ 正規分布だ！ 正規分布にしたがう確率変数は、一次変換しても正規分布にしたがうんだった。いま確認したばっかりだよ」

「ということは、$\log Y_n = cX + d$ の右辺は正規分布にしたがうわけだね。じゃあ左辺の $\log Y_n$ は？」花京院はさらに誘導した。

「そりゃあ右辺と左辺は等しいから、$\log Y_n$ も正規分布にしたがうはずだよ」

「そのとおり。ところで、対数正規分布の定義は覚えている？」花京院が質問した。青葉は目をつぶって集中した。

「対数正規分布の定義は……、《対数をとったときに正規分布にしたがう確率変数の分布》だよ」青葉はゆっくりと記憶を呼び起こしながら言った。

最後の結論を青葉自身に導かせるために、花京院は黙って聞いている。

「$\log Y_n$ は近似的に正規分布にしたがう。ということは……、定義から、Y_n は近似的に対数正規分布にしたがう」

青葉は、その結論に驚いた。

「わかった？」花京院は楽しそうに微笑んだ。

「うん、わかった」

第12章 ● お金持ちになる方法

「ここまでの流れを振り返っておこう」花京院は図を描いた[*4]。

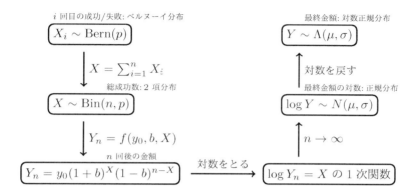

「おー。ベルヌーイ分布から出発して対数正規分布まで、こうやってたどり着いたのかー」

「このモデルは、《お金を稼ぐこと》の本質を表している」

「本質？」

「現実の社会ではすでに富める者、つまり過去のゲームの勝者が多くを投資して、より多くを得る機会に恵まれている。この仮定は、持っている量に比例して賭金が決まり、勝てば勝つほどより多くを得るような《累積効果》を表している。累積効果によって少数のお金持ちが生まれる一方で、多くの人は中層から低層へと集まっていく。これが対数正規分布を導出するプロセスの本質だ」

「ってことは、これで証明になってるのかな？ 累積効果から所得分布ができあがることを示せたのかな？」青葉が聞いた。

「うん。厳密には Y_n の一般型を数学的帰納法で示す必要があるし、Y_n の分散が発散しないように標準化する必要はある。だけど基本的には、Y_n の分布が対数正規分布に近づくってことを、いま考えたプロセスで表現できてるはずだよ。どう？ 楽しかった？」

「うん。楽しかった。でも、なんだか……、ちょっと不安な気もする。どうしてだろう」青葉はこれまでに体験したことのない感情に戸惑いを感じ

[*4] Bern(p) はベルヌーイ分布を、$\Lambda(\mu, \sigma)$ は対数正規分布を表す記号です。Λ（ラムダ）は lognormal の L のギリシア文字です

12.7 対数正規分布の生成

ていた。達成感と不安が入り交じった奇妙な感覚に満たされたまま、彼女は深く椅子に腰を沈めた。

「まだ間違っているかもしれないって、感じてるせいだよ」花京院は自分の書き散らした計算用紙を見直している。

「そうだね、せっかくうまくいきそうなのに、間違いや勘違いだったらやだなーって思う」

「これから長い時間をかけて、少しずつ完全なものにしていくんだよ」

「まだ時間がかかるの？」

「僕たちは苦労と偶然を重ねてモデルの土台をつくり上げた。でもまだ完成したわけじゃない。これからその世界を育てるんだよ」

「育てるのかー。なんだか生きてるみたいだね」

青葉は計算用紙に乱雑に書かれた数式を追いながら、ここまでの道筋を振り返った。そういえば、このモデルの確率密度関数はどうなっているんだろうと、彼女はふと考えた。

そのように考えると、そこにはたしかに小さな世界が存在する気がした。

まとめ

- 多くの社会において、所得分布は低・中層に人が集中している。これは、《平均より豊かな人》よりも《平均より貧しい人》のほうが多いことを意味する
- 所得分布は低・中層が対数正規分布で、高層がパレート分布で近似できることが知られている
- ランダムなチャンスで一定額の増減が生じるというモデルからは正規分布が生じる
- ランダムチャンスと、すでに持っている者がますます富める《累積効果》を組み合わせたモデルから、対数正規分布が生じる
- 練習問題：パレート分布を生成するプロセスを考えてみよう。お金持ちの世界がどのような法則に支配されているのか、そのモデルを使って分析してみよう

モデルで見る世界

　青葉は鞄の中をしきりに探している。
「どうしたの？」花京院がその様子を見かねて聞いた。
「あの……、スマホと一緒に財布を会社に置いてきちゃったみたい。今日のところは立て替えてくれる……？」青葉はうつむきながら小さな声で言った。
「やれやれ、そんなことだろうと思ったよ」花京院はポケットに手を入れて財布を探した。
「今日の話で、花京院くんがいつもなにをやってたのか、少しわかった気がするよ」
「え？　いまさら？」
「じつはね、花京院くんのこと、ずっと変わった人だなと思ってたんだ。どうして理学部から文学部にわざわざ転部してきたんだろうって」
「そんなにヘンかな」
「しょーじき、昔はそう思ってた。でもきっと、理系とか文系とか、花京院くんには関係ないんだね。私は高校ぐらいからずーっと数学を避けて生きてきたから、自分は文系だって思い込んでたけど」
「どうして？」
「四則演算くらいわかれば実生活には十分で、それ以上は知らなくても生きていけるって思ってたんだ。でもいまは……」
「少しは数学が好きになった？」と花京院はいたずらっぽい表情で笑った。
「知らなくても生きていけることに変わりはないよ。でも、もっと詳しく知ってたほうが、おもしろいのかもなーって」
「モデルっていうのは、一種の文体なんだと僕は考えている。モデルをとおして世界を見るってことは、モデルという文体で世界を語るってことなんだと思う」

「ちょっとなに言ってるかわからない」
「モデルをとおして見える楽しい世界は、まだまだたくさんあるってこと」
「そういう世界、私にも見えるかな」
「見えるよ、きっと。時間をかければ」花京院は静かに微笑んだ。そして、少し冷めたコーヒーを片手に、読みかけの論文を再び手にとった。

青葉は、花京院が見ている世界を、自分も同じように見ることができるだろうかと自問した。

きっとまだ、はっきりと見ることはできないだろう。

ある時期から彼女はずっと、数学で語られた物語を遮断して生きてきたからだ。

別段それで不都合は感じなかった。

ただ花京院の話を聞いているうちに、自分が見ている世界は、世界のごく一部なのではないかと感じるようになった。花京院のレトリックを彼女は完全には理解できていない。にもかかわらず、自分にはまだ見えない世界の存在を彼女はぼんやりと感じていた。

ほんとうは、もっとクリアに世界を見ることができるはず。

初めて眼鏡をかけた瞬間、世界の輪郭はこんなにもシャープだったのかと驚いたあのときのように。

時間をかければ自分にも、数学をとおして世界が見えるのだろうか？

きっと時間がかかるのだろう。

青葉は真っ白な紙を1枚取り出してテーブルの上に置くと、ゆっくりと計算を始めた。

終わり

あとがき

　本書は、人の行動や社会の構造を、単純な数理モデルを使って表現・説明する方法を紹介した本です。行動経済学、心理学、数理社会学、統計学などの分野から、筆者が特におもしろいと思うモデルや、日常でも役立つと思うアルゴリズム・手法をピックアップしました。

　一見、統一性に欠けるトピックが並んでいるように見えるかもしれませんが、各章の根底にある思想は一貫しています。それは「人の行動や社会は複雑なため、深く正確に理解するためには、その本質を抽象化して明示しなければならない」という考えです。

　この《抽象化》という部分が重要で、強力な手法やアルゴリズムは、現象を抽象化した結果として生み出されるのです。単純なタスクをコンピュータやスマートフォンに任せることが可能になった現代では、ものごとを抽象化して分析するという人間に固有のリテラシーは、ますます重要性を帯びてくるでしょう。そのような能力こそが、研究でもビジネスの場でも新しい発想を産み出すからです。……たぶん。

　本書では既存のモデルを紹介するだけでなく、抽象化のプロセス、つまり試行錯誤をとおしてモデルをつくり上げる過程や、既存のモデルを拡張して新しいモデルを生み出す過程を描くことにも挑戦しました。既存の有名なモデルを、よくできているなと鑑賞するのも楽しいことですが、実際にモデルを手で触って分解して、好きなように改造する作業も知的な楽しさに溢れています。読者のみなさんもぜひ、花京院くんと同じように計算したり、証明したり、新しい仮定を試したり、命題を導出する作業をとおして《モデル》を実感してください。必要なものは紙とペンだけです。

　筆者は普段、文学部の学生に数理社会学を教えています。大学生だけでなく、高校生や社会人など、より多くの人に数理モデルの有用性と楽しさを知ってほしいと思い、この本を書きました。特に「自分は文系だから数学は

必要ない」と思っている（青葉のような）人に、読んでいただけたら幸いです。あなたがこれまでに数学や数理モデルと無縁の人生を送ってきたとしても、まったく遅くはありません。

　本書を読んでもらったあとに、少しでも「興味なかったけど、数理モデルっておもしろいな」と感じていただければ、これ以上のよろこびはありません。

　草稿を読んで貴重なコメントを提供してくれた毛塚和宏さん、石田淳さん、永吉希久子さん、佐藤嘉倫さんに感謝します。また、企画の段階から相談に乗ってくれた森真一さん、森川真さん、より広い読者に届けるためのアイデアを提供してくれた編集部の永瀬敏章さんに感謝します。

　いつも私を支えてくれる妻と息子に感謝します。

　最後に、本書を手にとってくれたあなたに感謝します。

　ありがとうございました。

浜田　宏

著者紹介

浜田 宏 （はまだ ひろし）

東北大学大学院 文学研究科 教授。
関西学院大学 法学部政治学科卒業。同大学院 社会学研究科にて博士号（社会学）を取得。日本学術振興会特別研究員、関西学院大学社会学部 准教授（任期制）を経て現職。
専攻は数理社会学。
著書に『格差のメカニズム——数理社会学的アプローチ』勁草書房など。

その問題、数理モデルが解決します

2018 年 12 月 25 日	初版発行
2025 年 7 月 6 日	第 6 刷発行

著者	浜田 宏（はまだ ひろし）
DTP	WAVE 清水 康広
校正	曽根 信寿
カバーデザイン	FUKUDA DESIGN 福田 和雄
イラスト	龍神 貴之
発行者	内田 真介
発行・発売	ベレ出版 〒162-0832　東京都新宿区岩戸町12 レベッカビル TEL.03-5225-4790　FAX.03-5225-4795 ホームページ　http://www.beret.co.jp/
印刷・製本	株式会社 DNP出版プロダクツ

落丁本・乱丁本は小社編集部あてにお送りください。送料小社負担にてお取り替えします。
本書の無断複写は著作権法上での例外を除き禁じられています。
購入者以外の第三者による本書のいかなる電子複製も一切認められておりません。

©Hiroshi Hamada 2018. Printed in Japan
ISBN 978-4-86064-568-7 C0041

編集担当　永瀬 敏章